普通高等教育一流本科专业建设成果
华东交通大学教材出版基金资助项目

互换性与技术测量

主　审　刘燕德
主　编　王均刚　占金青
副主编　牟世刚　唐晓红　万智辉
编　委（以姓氏笔画为序）
　　　　王　宁　王科杰　刘家阳
　　　　涂文兵　墨蕊娜

中国科学技术大学出版社

内 容 简 介

本书在国家级一流本科专业建设、"新工科"建设和工程教育认证背景下,为适应专业人才培养方案改革及课程体系改革编写而成。系统讲述了"互换性与技术测量"课程的主要内容,分析介绍了我国公差与配合方面的最新标准,重点突出了新版"产品几何技术规范(GPS)"的术语、定义、概念等技术图形语言含义,阐述了现代测量技术的基本原理与方法,融入了思想政治教育元素,新增加了"课程思政"教学内容。主要内容包括绪论、孔与轴的极限与配合、测量技术基础、几何公差及检测、表面粗糙度及检测、光滑极限量规、滚动轴承的公差与配合、尺寸链、螺纹公差及检测、键与花键的公差与配合、课程思政教学等。

本书可作为普通高等院校和高等职业技术院校机械类、机电类以及近机械类专业师生的教学用书,也可供从事科研、生产工作的科技人员及计量、检验人员参考使用。

图书在版编目(CIP)数据

互换性与技术测量 / 王均刚,占金青主编. -- 合肥 : 中国科学技术大学出版社, 2024.12. -- ISBN 978-7-312-06181-3

Ⅰ. TG801

中国国家版本馆 CIP 数据核字第 20244W0S45 号

互换性与技术测量

HUHUANXING YU JISHU CELIANG

出版	中国科学技术大学出版社 安徽省合肥市金寨路 96 号,230026 http://press.ustc.edu.cn https://zgkxjsdxcbs.tmall.com
印刷	安徽国文彩印有限公司
发行	中国科学技术大学出版社
开本	787 mm×1092 mm　1/16
印张	12.5
字数	293 千
版次	2024 年 12 月第 1 版
印次	2024 年 12 月第 1 次印刷
定价	48.00 元

前　言

"互换性与技术测量"是高等院校机械类、机电类以及近机械类专业学生必修的重要技术基础课程,这门课程扮演着基础课学习、实践课学习和专业课学习之间纽带和桥梁的角色,涵盖了多方面的专业技术基础理论和实践知识。本课程将互换性的基本原理、标准化的生产管理思想、几何量计量测试技术手段等相关知识融合在一起,与机械设计、机械制造、产品质量控制等多方面问题密切相关,为机械工程技术人员和管理人员提供了必备的专业基础知识和技能。

为适应双一流学科专业建设、课程思政教学、工程教育专业认证工作等对"互换性与技术测量"课程教学改革的要求,在充分考虑新形势下的新要求,参考现有同类教材,并结合编者多年教学实践经验的基础上,我们编写了本书。主要内容包括绪论、孔与轴的极限与配合、测量技术基础、几何公差及检测、表面粗糙度及检测、光滑极限量规、滚动轴承的公差与配合、尺寸链、螺纹公差及检测、键与花键的公差与配合、课程思政教学等。本书具有如下特色:

(1) 根据我国最新颁布的国家标准进行编写,重点突出新版"产品几何技术规范(GPS)"标准的术语、定义、概念等技术图形语言含义。

(2) 根据新的教学大纲,围绕工程教育专业认证课程目标达成度的要求进行编写,以适应工程教育专业认证教学改革的需要。

(3) 融入思想政治教育元素,将思想政治教育内容与专业知识技能教育内容有机融合,新增加了"课程思政"的教学内容。

本书由王均刚、占金青担任主编，牟世刚、唐晓红、万智辉担任副主编，王宁、墨蕊娜、涂文兵、王科杰、刘家阳担任编委。德州学院牟世刚与华东交通大学王科杰编写第1、3章；华东交通大学王均刚、墨蕊娜编写第2、4、11章；华东交通大学占金青、王宁编写第5、6章；华东交通大学唐晓红、涂文兵编写第7、8章；东华理工大学万智辉与华东交通大学刘家阳编写第9、10章。王均刚负责全书统稿。

本书由华东交通大学博士生导师刘燕德教授主审。

本书获得华东交通大学机械设计制造及其自动化专业国家一流本科专业建设经费和华东交通大学教材出版基金资助项目资助。本书在编写的过程中参考了已出版的相关各类教材和资料，并将其列入本书"参考文献"中，谨向这些同类教材的作者表示衷心感谢。

由于编者水平有限，书中难免存在缺陷和错误之处，敬请广大读者批评指正。

编　者

2024 年 5 月

目　　录

前言 ……………………………………………………………………………………………… (ⅰ)

第1章　绪论 …………………………………………………………………………………… (1)
　1.1　互换性及其重要意义 ………………………………………………………………… (1)
　1.2　加工误差与公差 ……………………………………………………………………… (2)
　1.3　标准与标准化 ………………………………………………………………………… (3)
　1.4　优先数和优先数系 …………………………………………………………………… (4)
　1.5　课程的研究对象及课程目标 ………………………………………………………… (6)
　习题 ………………………………………………………………………………………… (7)

第2章　孔与轴的极限与配合 ………………………………………………………………… (8)
　2.1　概述 …………………………………………………………………………………… (8)
　2.2　极限与配合的基本词汇 ……………………………………………………………… (9)
　2.3　极限与配合的国家标准 ……………………………………………………………… (20)
　2.4　国家标准规定的公差带与配合 ……………………………………………………… (38)
　2.5　未注尺寸公差 ………………………………………………………………………… (41)
　2.6　公差与配合的选用 …………………………………………………………………… (43)
　习题 ………………………………………………………………………………………… (45)

第3章　测量技术基础 ………………………………………………………………………… (46)
　3.1　测量技术基础知识 …………………………………………………………………… (46)
　3.2　尺寸传递 ……………………………………………………………………………… (52)
　3.3　测量仪器与测量方法 ………………………………………………………………… (55)
　3.4　传感器测量技术 ……………………………………………………………………… (57)
　3.5　测量误差和数据处理 ………………………………………………………………… (70)
　习题 ………………………………………………………………………………………… (77)

第4章　几何公差及检测 ……………………………………………………………………… (78)
　4.1　概述 …………………………………………………………………………………… (78)
　4.2　几何公差的标注 ……………………………………………………………………… (81)

4.3　几何公差与公差带 …………………………………………………（85）
4.4　公差原则 ……………………………………………………………（96）
4.5　几何公差的选择 ……………………………………………………（105）
4.6　几何误差评定与测量 ………………………………………………（110）
习题 ……………………………………………………………………（117）

第 5 章　表面粗糙度及检测 ………………………………………………（118）
5.1　表面粗糙度的基本概念 ……………………………………………（118）
5.2　表面粗糙度的评定参数 ……………………………………………（120）
5.3　表面粗糙度技术要求在零件图上的标注方法 ……………………（122）
5.4　表面粗糙度的选用 …………………………………………………（128）
5.5　表面粗糙度的检测 …………………………………………………（131）
习题 ……………………………………………………………………（133）

第 6 章　光滑极限量规 ……………………………………………………（134）
6.1　光滑极限量规概述 …………………………………………………（134）
6.2　量规设计的原则 ……………………………………………………（135）
6.3　工作量规的设计 ……………………………………………………（138）
习题 ……………………………………………………………………（142）

第 7 章　滚动轴承的公差与配合 …………………………………………（143）
7.1　滚动轴承的结构和分类 ……………………………………………（143）
7.2　滚动轴承的公差等级 ………………………………………………（145）
7.3　滚动轴承的公差带 …………………………………………………（145）
7.4　影响轴承公差带选用的因素 ………………………………………（147）
习题 ……………………………………………………………………（150）

第 8 章　尺寸链 ……………………………………………………………（151）
8.1　尺寸链概述 …………………………………………………………（151）
8.2　极值法求解尺寸链 …………………………………………………（155）
8.3　解装配尺寸链其他计算方法 ………………………………………（160）
习题 ……………………………………………………………………（161）

第 9 章　螺纹公差与检测 …………………………………………………（162）
9.1　概述 …………………………………………………………………（162）
9.2　普通螺纹的公差和基本偏差 ………………………………………（166）
9.3　标准推荐的公差带及其选用 ………………………………………（169）

  9.4 螺纹标记和梯形螺纹简述 ………………………………………………… (170)
  9.5 螺纹检测 …………………………………………………………………… (172)
  习题 ……………………………………………………………………………… (175)

第 10 章 键与花键的公差与配合 ……………………………………………… (176)
  10.1 键连接的种类 ……………………………………………………………… (176)
  10.2 矩形花键 …………………………………………………………………… (179)
  习题 ……………………………………………………………………………… (183)

第 11 章 "精度、误差与公差"的课程思政 ………………………………………… (184)
  11.1 课程思政教学目标 ………………………………………………………… (184)
  11.2 教学方法与手段 …………………………………………………………… (185)
  11.3 课程思政教学示例——"文墨精度" ……………………………………… (185)

参考文献 ……………………………………………………………………………… (190)

第 1 章 绪 论

1.1 互换性及其重要意义

互换性是指同一种类、同一规格的零部件,能够互相替换的性能。互换性的概念在日常生活中到处都能遇到。例如,机械或仪器上掉了一个螺钉,换上一个相同规格的新螺钉就能用;灯泡坏了,买一个相同规格新的灯泡安上就能亮;汽车、拖拉机、自行车、电视、计算机、手表中某个机件磨损了,换上一个新的便能继续使用。零件的更换之所以这样方便,是因为这些合格的产品和零部件具有在尺寸、功能上能够彼此替换的性能,即它们具有互换性。由不同的工厂或车间、在不同的时间或地点按同一图纸制造出来的零部件,进行装配或维修时任取其一,不经选择或调整,无需任何辅助加工,就可顺利地安装到机器上,并可达到图纸规定的性能要求,即这些零部件能够互相替换使用而达到相同效果,称具有这种性能的零部件具有互换性。因此,零部件的互换性是指同一规格的零部件按规定的技术要求制造,能够互相替换使用而达到相同效果的性能。为了方便拆装与维护,图 1-1 所示行星减速器中的零件应尽可能满足互换性要求。

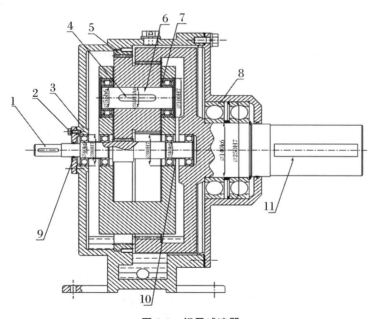

图 1-1　行星减速器

1.输入轴;2.螺栓;3.箱体;4.圆头平键;5.内齿圈;6.销轴;7.轴套;8.轴承;
9.油封毡圈;10.轴套;11.输出轴

互换性可分为完全互换性和不完全互换性。完全互换性是指零件在装配或更换时，不需选择、辅助加工或修配为条件的互换性。不完全互换性也称为有限互换性，是指在零件装配时，允许有附加的选择或调整。不完全互换性可以用分组装配法、调整法或其他方法来实现。一般来说，对于厂际协作，应采用完全互换性，至于厂内生产的零部件的装配，可采用不完全互换性。按照标准件分可以分为内互换性与外互换性。组成标准部件内部各零件间的互换性称为内互换性，标准部件与其相配件间的互换性称为外互换性。例如，滚动轴承的滚动体和内圈、外圈、保持架（隔离架）之间的互换性为内互换性，轴承内圈和轴颈的配合以及外圈和机座孔的配合为外互换性，如图1-2所示。

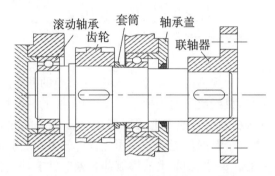

图1-2　标准件的内互换性与外互换性

互换性在机械制造业中具有重大意义。在设计方面，零部件（螺钉、销钉、滚动轴承等）具有互换性，就可以最大限度地采用标准件、通用件和标准部件，大大简化了绘图和计算等工作，缩短设计周期；而且可以应用计算机进行辅助设计（CAD），这对发展系列产品和促进产品结构、性能的不断改善，有很大的帮助。在制造方面，互换性有利于组织专业化的生产，有利于采用先进工艺和高效率的专用设备乃至采用计算机辅助制造（CAM），有利于实现加工过程和装配过程的机械化、自动化，从而使产品的数量和质量明显提高，成本也显著降低。在使用和维修方面，零部件具有互换性，可以及时更换那些已经磨损或损坏的零部件，因此可以减少机器的维修时间和费用，保证了机器工作的连续性和持久性，延长了机器的使用寿命，提高了使用价值。总之，遵循互换性原则进行设计、制造和使用，可大大降低产品成本，提高生产率，降低劳动强度，也为标准化、系列化、通用化奠定了基础。所以，互换性原则是机械工业中的重要原则，也是我们设计、制造中必须遵循的原则。

1.2　加工误差与公差

任何机械都是由若干最基本的零件构成，而零件都要经过加工的过程，加工零件过程中，由于种种因素的影响，零件各部分的尺寸、形状、方向和位置以及表面粗糙度等几何量难以达到理想状态，总是存在或大或小的误差。加工误差是指零件加工后的实际几何参数（尺寸、几何形状和相互位置）与理想几何参数之间的偏差。加工误差的大小反映了加工精度的高低,生产中加工精度的高低,是用加工误差的大小来表示的。任何加工和测量都不可避免地有误差存在,所谓精度较高,只是误差较小而已,并且随着精度要求的提高,加工制造的难度越大,成本也越高。

从零件的功能上看,不必要求零件几何量制造得绝对准确,只要求零件几何量在某一规定范围内变动,保证同一规格零件彼此充分近似即可,这个允许变动的范围叫作公差。公差是零件几何参数允许的变动量,用于控制加工中的误差,以保证互换性的实现。

加工误差是在加工过程中产生的,而公差是由设计人员确定的,是误差变动的最大允许值。随着产品生命周期的缩短、上市时间的缩短以及成本压力的加大,与竞争对手之间的产品差异化功能在设计细节上已经有所下降。设计人员需对一系列公差进行统计公差分析,以缩短周期时间和提高质量,降低成本。设计过程中的公差优化对产品的成品率有着积极的影响,成品率的提高直接影响到产品的成本和质量。

1.3 标准与标准化

现代化工业生产的特点是规模大,协作单位多,互换性要求高,为了正确协调各生产部门和准确衔接各生产环节,必须有一种协调手段,使分散的局部的生产部门和生产环节保持必要的技术统一,成为一个有机的整体,以实现互换性生产。标准与标准化正是维系这种关系的主要途径和手段,对零件的加工误差及其控制范围所制定的技术标准称"极限与配合"标准,它是实现互换性的基础。

标准是对重复性事物和概念所做的统一规定,也就是一种规矩。它以科学、技术和实践经验的综合成果为基础,经有关方面协商一致,由主管机构批准,以特定形式发布,作为共同遵守的准则和依据。标准的内涵主要包括:是一种为大家共同遵守的"技术依据"或"技术规范";是一种实物标准、计量标准、标准样品;研究对象必须是具有可重复性特征的事物及概念;是协商的产物,涉及不同部门不同阶层的利益。

标准化是标准的制定、发布以及贯彻实施的全部过程,是指在经济、技术、科学和管理等社会实践中,对重复性的事物和概念,通过制定、发布和实施标准达到统一,以获得最佳秩序和社会效益,是"为了在一定范围内获得最佳秩序,对现实问题或潜在问题制定共同使用和重复使用的条款的活动"。上述活动主要包括编制、发布和实施标准的过程。

标准化对一个事物可能会产生直接或间接的作用,甚至深远的影响。主要有四个方面的作用:一是,标准化是提高质量的基础和保障;二是,标准化是提高效率的重要手段;三是,标准化是推动创新发展的平台;四是,标准化是推动国际贸易发展的桥梁和纽带。随着贸易全球化和市场一体化的发展,技术标准成为各个国家和地区之间起到联结作用的桥梁和纽带。通过标准化能够很好地解决商品交换中的质量、安全、可靠性和互换性配套等问题。

标准按照其管辖范围可以分为国际标准与国家标准。国际标准是指在国际范围内由众多国家、团体共同参与制定的标准。国家标准是由国务院标准化行政主管部门制定的标准。我国自发布第一个国家标准《工程制图》以来,基本形成了以国家标准为主体,行业标准、地方标准和企业标准相互协调配套的中国国家标准体系。中国标准按作用范围分行业标准、地方标准和企业标准等。中国标准按标准的法律属性分强制性标准和推荐性标准,相应的代号及其含义如表1-1所示。

表1-1 中国国家标准的代号及其含义

代号	含义
GB	中华人民共和国强制性国家标准
GB/T	中华人民共和国推荐性国家标准
GB/Z	中华人民共和国国家标准化指导性技术性文件

自1959年起,我国陆续制定了各种国家标准。1978年,我国正式加入国际标准化组织,旧国标已不能适应现代大工业互换性生产的要求。1979年,原国家标准局统一部署,有计划、有步骤地对旧的基础标准进行了两次修订。1998年,将标准《公差与配合》改为《极限与配合》,在术语上、内容上尽量与国际标准一一对应。2020年,国家颁布了新标准GB/T 1800.1—2020以代替GB/T 1800.1—2009《产品几何技术规范(GPS) 极限与配合 第1部分:公差、偏差和配合的基础》和GB/T 1801—2009《产品几何技术规范(GPS) 极限与配合 公差带和配合的选择》;同年,国家颁布了新标准GB/T 1800.2—2020《产品几何技术规范(GPS) 线性尺寸公差ISO代号体系 第2部分:标准公差带代号和孔、轴的极限偏差表》以代替GB/T 1800.2—2009《产品几何技术规范(GPS) 极限与配合 第2部分:标准公差等级和孔、轴的极限偏差表》。2022年,国家又颁布了新的GB/T 17851—2022《产品几何技术规范(GPS) 几何公差 基准和基准体系》来代替GB/T 17851—2010《产品几何技术规范(GPS) 几何公差 基准和基准体系》,以尽快适应国际贸易、技术和经济的交流。

公差标准是实现对零件误差控制和保证互换性的基础,制定相应的检验标准,按公差标准制造,并按一定的标准来检验,这是实现互换性的条件。标准化水平的高低体现了一个国家现代化的程度。在现代化生产中,标准化是一项重要的技术措施,因为一种机械产品的制造过程往往涉及许多部门和企业,甚至还要进行国际间协作。为了适应生产上各部门与企业在技术上相互协调的要求,必须有一个共同的技术标准。公差的标准化有利于机器的设计、制造、使用和维修,有利于保证产品的互换性和质量,有利于刀具、量具、夹具、机床等工艺装备的标准化。

1.4 优先数和优先数系

产品无论是在设计、制造中,还是在使用中,其规格,如零件尺寸,原材料尺寸,公差,承载能力及所使用设备、刀具、测量器具的尺寸等性能与几何参数都要用数值表示。而产品的数值具有扩散传播性,例如,减速器汽缸盖的紧固螺钉,按受力载荷算出所需的螺钉大径之后,即公称直径一定,则箱体的螺孔数值一定,与之相匹配的螺钉尺寸,加工用的钻头、铰刀、丝锥尺寸,检测用的塞规、螺纹样板尺寸随之而定,与之有关的配件,如垫圈尺寸、加工安装用的附具等也随之而定。为了避免产品数值的杂乱无章、品种规格过于繁多,减少给组织生产、管理与使用等带来的困难,必须把产品技术参数数值限制在较小范围内。生产实践证明,对于产品技术参数合理分档、分级,对产品技术参数进行简化、协调统一,必须要有科学、统一的数值标准,即优先数与优先数系。优先数系和优先数就是对各种技术参数的数值进行协调、简化和统一的一种科学的数值标准。

GB/T 321—2005《优先数和优先数系》规定:十进制等比数列为优先数系,其代号为 Rr(R 是优先数创始人查尔斯·雷诺(Charles Renard)姓的首字母,r 代表 5、10、20、40 和 80 等优先数),其公比为 $q_r = \sqrt[r]{10}$,含义是,在每个十进制的区间(如 1~10、10~100、0.1~0.01 等)各有 r 个优先数,也就是说在数列中,每 r 个数末位数与首位数之比为 10。

优先数系的公比系数 $q_r = \sqrt[r]{10}$,在优先数系中,各系列的公比分别为

R5 系列 $\quad q_5 = \sqrt[5]{10} \approx 1.60$

R10 系列 $\quad q_{10} = \sqrt[10]{10} \approx 1.25$

R20 系列 $\quad q_{20} = \sqrt[20]{10} \approx 1.12$

R40 系列 $\quad q_{40} = \sqrt[40]{10} \approx 1.06$

R80 系列 $\quad q_{80} = \sqrt[80]{10} \approx 1.03$

符合 R5、R10、R20、R40 和 R80 系列优先数系中的任何一个项值的常用圆整值,均称为优先数,其常用值如表 1-2 所示。

国家标准允许从 Rr 系列中,每逢 p 项选取一个优先数,组成新的系列即派生系列,以符号 Rr/p 表示,公比 $q_{r/p} = (\sqrt[r]{10})^p$。例如,R10/3,即在 R10 数列中,每逢 3 项取 1 项组成数列,即 1.00,2.00,4.00,8.00,16.00,32.00,…。复合系列是指若干个等比系列混合构成的多公比系列,如 10,16,25,35.5,50,71,100,125,160 就是由 R5、R20/3、R10 三个系列构成的复合系列。

在优先数系中,优先数任意相邻两项值的相对误差均匀,项值排列疏密适中,运算方便,简单易记,小数值两端无限延伸,具有广泛的实用性。因此,在一切标准化领域中应尽可能采用优先数系和优先数。

选用基本系列时,应当按"先疏后密"的顺序选用优先数系。对自变量参数尽可能选用单一的基本系列,选择的优先顺序是 R5、R10、R20、R40。只有在基本系列不能满足实际要求时,才采用派生系列或公比不同、由几段组成的复合系列。如果基本系列中没有合适的公比,也可选用派生系列,并尽可能选用包含有项值为 1 的派生系列。对于复合系列和派生系列,同样也应按"先疏后密"的顺序选用。

表 1-2 优先数系系列的常用值

系列	1～10 的常用值									
R5	1.00		1.60		2.50		4.00		6.30		10.00
R10	1.00	1.25	1.60	2.00	2.50	3.15	4.00	5.00	6.30	8.00	10.00
R20	1.12	1.25	1.40	1.60	1.80	2.00	2.24	2.50	2.80	3.15	
R20	3.55	4.00	4.50	5.00	5.60	6.30	7.10	8.00	9.00	10.00	
R40	1.00	1.06	1.12	1.18	1.25	1.32	1.40	1.50	1.60	1.70	1.80
R40	1.90	2.00	2.12	2.24	2.36	2.50	2.65	2.80	3.00	3.15	3.35
R40	3.55	3.75	4.00	4.25	4.50	4.75	5.00	5.30	5.60	6.00	6.30
R40	6.70	7.10	7.50	8.00	8.50	9.00	9.50	10.00			
R80	1.00	1.03	1.06	1.09	1.12	1.15	1.18	1.22	1.25	1.28	1.32
R80	1.36	1.40	1.45	1.50	1.55	1.60	1.65	1.70	1.75	1.80	1.85
R80	1.90	1.95	2.00	2.06	2.12	2.18	2.24	2.30	2.35	2.43	2.50
R80	2.58	2.65	2.72	2.80	2.90	3.00	3.07	3.15	3.25	3.35	3.45
R80	3.55	3.65	3.75	3.85	4.00	4.12	4.25	4.37	4.50	4.62	4.75
R80	4.87	5.00	5.15	5.30	5.45	5.60	5.80	6.00	6.15	6.30	6.50
R80	6.70	6.90	7.10	7.30	7.50	7.75	8.00	8.25	8.50	8.75	9.00
R80	9.25	9.50	9.75								

1.5 课程的研究对象及课程目标

"互换性与技术测量"从"精度"和"误差"两方面去分析和研究机械零件及机构的几何参数,以解决机器的使用要求与制造工艺之间的矛盾。它研究的核心是机器的使用要求和制造要求之间的矛盾,解决的方法是规定合理的公差,并用计量测试手段保证其贯彻实施。"互换性与技术测量"要讨论的是几何精度的分析与计算,一般来说,在机械产品的设计过程中,需要进行以下三方面的分析计算:

(1) 运动分析与计算。根据机器或机构应实现的运动,由运动学原理,确定机器或机构的合理的传动系统,选择合适的机构或元件,以保证实现预定的动作,满足机器或机构运动方面的要求。

(2) 强度的分析与计算。根据强度、刚度等方面的要求,决定各个零件的合理的基本尺寸,进行合理的结构设计,使其在工作时能承受规定的负荷,达到强度和刚度方面的要求。

(3) 几何精度的分析与计算。零件基本尺寸确定后,还需要进行精度计算,以决定产品各个部件的装配精度以及零件的几何参数和公差。

本课程是机械类各专业及其他相关专业的一门重要技术基础课,在教学计划中起着连接基础课和专业课的桥梁作用,同时也是联系设计类课程和制造工艺类课程的纽带。它的主要任务是使学生获得互换性与技术测量两方面的基本知识,培养学生正确应用公差标准解决实际工程问题的能力,学生在学完本课程后应达到下列课程目标要求:

(1) 能够掌握标准化和互换性的基本概念及有关的基本术语和定义;能够掌握几何量公差标准的主要内容、特点和应用原则。

(2) 对机械产品图样设计中有关公差与配合(精度设计)的内容能够正确阅读和理解。

(3) 能够根据机器和零件的功能要求,合理选用公差与配合;能够查用各种公差表格并正确标注图样。

(4) 建立技术测量的基本概念,了解基本测量原理与方法;能够使用常用计量器具。

习　题

1-1　简述互换性的概念,并举例说明。

1-2　什么是标准化?简述技术标准的主要分类。

1-3　什么是优先数系?简述采用优先数和优先数系的优点。

1-4　什么是加工误差与公差?简述加工误差与公差的区别和联系。

第 2 章 孔与轴的极限与配合

2.1 概 述

为使零件具有互换性,必须保证零件的尺寸、几何形状、相互位置以及表面结构技术要求的一致性。就尺寸而言,互换性要求尺寸的一致性,但并不是要求零件都按照指定的尺寸准确地制成,而是要求尺寸在某一合理的范围内。对于相互结合的零件,这个范围既要保证相互结合的尺寸之间形成一定的关系,以满足不同的使用要求,又要在制造上是经济合理的,这样就形成了"极限与配合"的概念。"极限"用于协调机器零件的使用要求与制造经济性之间的矛盾,"配合"反映机器零件之间有关功能要求的相互关系。

孔、轴配合是机械制造领域中最基本且应用最广泛的一种结合形式,它的重要性体现在各种机械设备的组装和维修过程中。这种配合形式根据孔和轴的尺寸公差,以及它们之间的相互关系,可以分为多种不同的配合类型,从而满足不同机械设备和结构的需求。适用于这种结合形式的《公差与配合》等国家标准是应用最广泛的基础标准。这些标准不仅适用于传统的圆柱形孔和轴的配合,也广泛应用于任何由单一尺寸确定的配合表面的配合。极限与配合的标准化有利于机器的设计制造、使用和维修,直接影响产品的精度、性能和使用寿命,是评定产品质量的重要技术标准。极限与配合标准不仅是机械工业各部门进行产品设计、工艺设计和制定其他标准的基础,而且是组织广泛协作和专业化生产的重要依据。

自 1979 年以来,我国参照国际标准并结合我国的实际生产情况,颁布了一系列国家标准。为了适应科学技术的飞速发展,适应国际贸易、技术和经济交流以及国家标准的需要,为了使我国的标准尽可能与国际标准相对应,经过国家技术监督局批准,依据国际标准 ISO 286 等修订并颁布了公差与配合标准。

2020 年新修订的孔与轴极限与配合标准由如下几个标准组成:

GB/T 1800.1—2020《产品几何技术规范(GPS) 线性尺寸公差 ISO 代号体系 第 1 部分:公差、偏差和配合的基础》。

GB/T 1800.2—2020《产品几何技术规范(GPS) 线性尺寸公差 ISO 代号体系 第 2 部分:标准公差带代号和孔、轴的极限偏差表》。

GB/T 24637.1—2020《产品几何技术规范(GPS) 通用概念 第 1 部分:几何规范和检

验的模型》(ISO 17450—1:2011,MOD)。

GB/T 38762.1—2020《产品几何技术规范(GPS)　尺寸公差　第1部分:线性尺寸》(ISO 14405—1:2016,MOD)。

2.2 极限与配合的基本词汇

为了准确掌握并有效运用"极限与配合"的国家标准,必须首先熟悉一系列基本的术语和定义。

2.2.1 有关孔和轴的定义

1. 孔

通常指工件各种形状的内表面,包括圆柱形内表面和其他由单一尺寸形成的非圆柱形包容面。由单一尺寸确定的内表面(包容面),尺寸之间无材料,越加工越大。

2. 轴

通常指工件各种形状的外表面,包括圆柱形外表面和其他由单一尺寸形成的非圆柱形被包容面。由单一尺寸确定的外表面(被包容面),尺寸之间有材料,越加工越小。

从加工角度方面看,孔的尺寸越加工越大,轴的尺寸越加工越小;从配合角度方面看,孔是包容面,如轴承内圈的内径、轴上键槽宽度等,轴是被包容面,如圆周长,长方体长、宽、高,键宽等。一般来说,零部件上的尺寸要么是孔,要么是轴,但有一类尺寸例外,既不是孔,也不是轴,如两个孔的中心距尺寸。标准中定义的孔、轴是广义的。就装配而言,孔被视作为包容面,其内部不含材料;而轴则被视作为被包容面,其外部不覆盖任何材料。如图2-1所示。圆柱孔、键槽、凹槽等都是孔,圆柱、键、凸槽等都是轴。

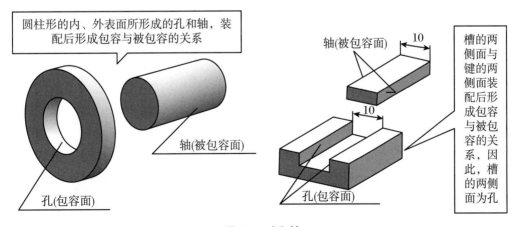

图 2-1　孔和轴

2.2.2 尺寸的术语及定义

1. 尺寸

尺寸是指用特定单位表示线性尺寸值的数值。它由数字和特定单位（如 mm）组成。线性尺寸值通常指两点间的距离，包括直径、长度、宽度、厚度以及中心距、圆角半径等。在机械图样中，规定尺寸单位用毫米（mm）表示，且可省略不标，采用其他单位则必须标出。广义地说，尺寸也包括以角度单位表示角度值的数字。

2. 尺寸要素

要素是构成几何体的点、线、面、体或者它们的集合；尺寸要素是指用于确定物体或零件大小和形状的关键几何特征。尺寸要素包括线性尺寸要素和角度尺寸要素，是由一定大小的线性尺寸或角度尺寸确定的几何特征。线性尺寸要素是具有线性尺寸的尺寸要素，线性尺寸要素可以是一个球体、一个圆、两条直线、两相对平行面、一个圆柱体、一个圆环等。角度尺寸要素属于回转恒定类别的几何要素，其母线名义上倾斜一个不等于 0°或 90°的角度；或属于棱柱面恒定类别，两个方位要素之间的角度由具有相同形状的两个表面组成，例如圆锥和楔块是角度尺寸要素。

3. 公称尺寸（D、d）

公称尺寸（基本尺寸）是设计给定的尺寸，由图样规范确定的理想形状要素的尺寸，是设计零件时，根据使用要求，通过刚度、强度计算或工艺结构等方面的考虑，设计给定的尺寸，应尽量符合标准尺寸系列，以减少加工用刀具、量具和夹具的种类；公称尺寸也是计算极限尺寸和极限偏差的起始尺寸。国家标准规定，大写字母代表孔的有关代号，小写字母代表轴的有关代号。通常，图样上标注的尺寸均为公称尺寸，孔、轴公称尺寸一般指直径，孔的公称尺寸用 D 表示，轴的公称尺寸用 d 表示。如图 2-2 所示，极限与配合示意图中的公称尺寸为 529 mm。

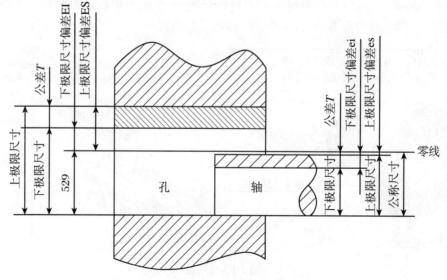

图 2-2 极限与配合示意图

4. 实际尺寸（D_a、d_a）

实际尺寸是通过测量得到的尺寸。由于工件存在形状误差，所以同一个表面不同部位的实际尺寸并不相等。同时由于测量存在误差，所以实际尺寸并非真值。孔的实际尺寸用 D_a 表示，轴的实际尺寸用 d_a 表示。局部实际尺寸是在实际要素的任意正截面上，两测量点之间测得的距离。

5. 极限尺寸（$D_{\min}$、$d_{\min}$、$D_{\max}$、$d_{\max}$）

尺寸要素的尺寸所允许的极限值，包括上极限尺寸和下极限尺寸。上极限尺寸是尺寸要素允许的最大尺寸，下极限尺寸是尺寸要素允许的最小尺寸。在机械加工中，由于各种误差的存在，要把同一规格的零件加工成同一尺寸是不可能的，从使用角度来讲，也没有必要。只需将零件的实际尺寸控制在一个具体范围内，就能满足使用要求，这个范围由两个极限尺寸确定，所以极限尺寸是为了方便加工和满足使用要求而确定的。极限尺寸是以公称尺寸为基数来确定的。有关尺寸、偏差和公差的关系如图 2-2 所示。基于极限尺寸可以得出合格零件的判据：

对于孔：
$$D_{\min} \leqslant D_a \leqslant D_{\max} \tag{2-1}$$

对于轴：
$$d_{\min} \leqslant d_a \leqslant d_{\max} \tag{2-2}$$

极限尺寸的计算公式如下：

对于孔：
$$D_{\max} = D + ES（上极限偏差） \tag{2-3}$$
$$D_{\min} = D + EI（下极限偏差） \tag{2-4}$$

对于轴：
$$d_{\max} = d + es（上极限偏差） \tag{2-5}$$
$$d_{\min} = d + ei（下极限偏差） \tag{2-6}$$

6. 最大实体状态（MMC）与最大实体尺寸（MMS）

最大实体状态指孔或轴在尺寸公差范围内，具有材料量最多时的状态，也指在给定长度上孔、轴处处位于极限尺寸之内，并具有最大实体时的状态。在最大实体状态下的极限尺寸称为最大实体尺寸，它是孔的下极限尺寸和轴的上极限尺寸的统称。孔和轴的最大实体尺寸分别以 D_M 和 d_M 表示。

对于轴：
$$d_M = d_{\max} \tag{2-7}$$

对于孔：
$$D_M = D_{\min} \tag{2-8}$$

7. 最小实体状态（LMC）与最小实体尺寸（LMS）

最小实体状态指孔或轴在尺寸公差范围内，具有材料量最少时的状态，也指在给定长度上孔、轴处处位于极限尺寸之内，并具有最小实体时的状态。在最小实体状态下的极限尺寸称为最小实体尺寸,它是孔的上极限尺寸和轴的下极限尺寸的统称。孔和轴的最小实体尺寸分别以 D_L 和 d_L 表示。

对于轴:
$$d_L = d_{min} \tag{2-9}$$

对于孔:
$$D_L = D_{max} \tag{2-10}$$

8. 作用尺寸(d_{fe}、D_{fe}、d_{fi}、D_{fi})

作用尺寸是表示在装配时起作用的尺寸,是被测要素的局部实际尺寸与形位误差综合作用的结果,可以分为体外作用尺寸和体内作用尺寸,如图 2-3 所示。

(1) 体外作用尺寸(d_{fe}、D_{fe})就是在被测要素的给定长度上,与实际内表面体外相接的最大理想面或与实际外表面体外相接的最小理想面的直径或宽度。

(2) 体内作用尺寸(d_{fi}、D_{fi})是在被测要素的给定长度上,与实际内表面体内相接的最小理想面或与实际外表面体内相接的最大理想面的直径或宽度。

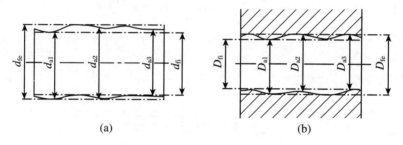

图 2-3 实际尺寸与作用尺寸

应当注意:作用尺寸不仅与实际要素的局部实际尺寸有关,还与其形位误差有关。因此,作用尺寸是实际尺寸和形位误差的综合结果。对于一批零件而言,每个零件可能不同,但每个零件的外部或内部作用尺寸只有一个。对于被测实际轴,$d_{fe} \geqslant d_{fi}$;而对于被测实际孔,$D_{fe} \leqslant D_{fi}$。

9. 极限尺寸判断原则(泰勒原则)

极限尺寸判断原则用于判断具有配合要求的孔和轴的尺寸是否合格。

(1) 孔的体外作用尺寸应大于或等于孔的最小极限尺寸,并在任何位置上孔的最大实际尺寸应小于或等于孔的最大极限尺寸,可表示为
$$D_{min} \leqslant D_{fe} \leqslant D_a \leqslant D_{max} \tag{2-11}$$

(2) 轴的体外作用尺寸应小于或等于轴的最大极限尺寸,并在任何位置上轴的最小实际尺寸应大于或等于轴的最小极限尺寸,可表示为
$$d_{min} \leqslant d_a \leqslant d_{fe} \leqslant d_{max} \tag{2-12}$$

2.2.3 偏差、公差的术语及定义

1. 尺寸偏差（简称偏差）

尺寸偏差是指某一尺寸减去其基本尺寸所得的代数差。应当注意，偏差为代数值，可为正数、负数或零。计算和标注时，偏差值除零外，其前面必须冠以正号或负号。极限偏差是指极限尺寸减去其基本尺寸所得的代数差。如图 2-4 所示。

最大极限尺寸减去其基本尺寸所得的代数差称为上偏差。孔和轴的上偏差分别用符号 ES 和 es 表示。用公式表示如下：

$$\text{ES} = D_{\max} - D, \quad \text{es} = d_{\max} - d \tag{2-13}$$

最小极限尺寸减去其基本尺寸所得的代数差称为下偏差。孔和轴的下偏差分别用符号 EI 和 ei 表示。用公式表示如下：

$$\text{EI} = D_{\min} - D, \quad \text{ei} = d_{\min} - d \tag{2-14}$$

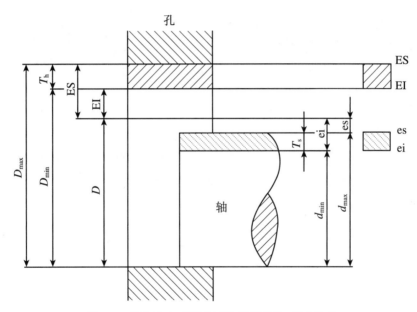

图 2-4　基本尺寸、极限尺寸和极限偏差、尺寸公差

实际偏差是指实际尺寸减去其基本尺寸所得的代数差。孔和轴的实际偏差分别用符号 E_a 和 e_a 表示。用公式表示如下：

$$E_a = D_a - D, \quad e_a = d_a - d \tag{2-15}$$

实际偏差应限制在极限偏差范围内，也可达到极限偏差。孔或轴实际偏差的合格条件如下：

$$\text{EI} \leqslant E_a \leqslant \text{ES}, \quad \text{ei} \leqslant e_a \leqslant \text{es} \tag{2-16}$$

2. 尺寸公差（简称公差）

尺寸公差（简称公差）是指最大极限尺寸减去最小极限尺寸之代数差的绝对值，也等于上偏差与下偏差之代数差的绝对值。孔和轴的尺寸公差分别用符号 T_D 和 T_d 表示。公差与

极限尺寸、极限偏差的关系用公式表示如下：

$$T_D = |D_{max} - D_{min}| = |ES - EI| \quad (2-17)$$

$$T_d = |d_{max} - d_{min}| = |es - ei| \quad (2-18)$$

公差与偏差是两个不同的概念，不能混淆。偏差是代数值，有正、负号，而公差则是绝对值，没有正负之分，而且不能为零。公差是上、下偏差之代数差的绝对值，所以确定了两极限偏差也就确定了公差。尽管公差与极限偏差有密切的联系，但两者之间也具有明显的区别：

（1）从数值上看，极限偏差是代数值，正、负或零值都是有意义的；而公差是允许尺寸的变动范围，是没有正、负号的绝对值，也不能为零（零值意味着加工误差不存在，这是不可能的），实际计算时由于最大极限尺寸大于最小极限尺寸，故可省略绝对值符号。

（2）从作用上看，极限偏差用于控制实际偏差，是判断完工零件是否合格的根据，而公差则控制一批零件实际尺寸的差异程度。

（3）从工艺上看，对某一具体零件，公差大小反映加工的难易程度，即加工精度的高低，它是制定加工工艺的主要依据，而极限偏差则是调整机床决定切削工具与工件相对位置的依据。

例 2-1 公称尺寸为$\varnothing 60$ mm，上极限尺寸为$\varnothing 60.008$ mm，下极限尺寸为$\varnothing 59.992$ mm，试计算偏差和公差。

解 根据题意，有

上偏差 = 上极限尺寸 − 公称尺寸 = 60.008 − 60 = +0.008(mm)

下偏差 = 下极限尺寸 − 公称尺寸 = 59.992 − 60 = −0.008(mm)

公差 = 上极限尺寸 − 下极限尺寸 = 60.008 − 59.992 = 0.016(mm)

例 2-2 已知孔、轴基本尺寸为$\varnothing 25.000$ mm，$D_{max} = \varnothing 25.021$ mm，$D_{min} = \varnothing 25.000$ mm，$d_{max} = \varnothing 24.980$ mm，$d_{min} = \varnothing 24.967$ mm，求孔和轴的极限偏差和公差。

解 根据题意，有

孔的上偏差 $ES = D_{max} - D = 25.021 - 25.000 = +0.021$(mm)

孔的下偏差 $EI = D_{min} - D = 25.000 - 25.000 = 0$(mm)

轴的上偏差 $es = d_{max} - d = 24.980 - 25.000 = -0.020$(mm)

轴的下偏差 $ei = d_{min} - d = 24.967 - 25.000 = -0.033$(mm)

孔的公差 $T_D = |D_{max} - D_{min}| = |25.021 - 25.000| = 0.021$(mm)

$T_D = |ES - EI| = |+0.021 - 0| = 0.021$(mm)

轴的公差 $T_d = |d_{max} - d_{min}| = |24.980 - 24.967| = 0.013$(mm)

$T_d = |es - ei| = |-0.020 - (-0.033)| = 0.013$(mm)

2.2.4 公差带图

1. 公差带图

公差带图涉及零线和公差带两个概念。零线是表示基本尺寸的一条直线，以其为基准确定偏差和公差,零线以上为正偏差,以下为负偏差。公差带是由代表上、下偏差的两条直线所限定的一个区域。公差带有两个基本参数,即公差带大小与位置。大小由标准公差确定,位置由基本偏差确定。基本偏差是确定公差带相对于零线位置的上偏差或下偏差,一般为靠近零线的那个极限偏差,用来确定公差带位置。

2. 画公差带图

公差带图由零线和公差带组成,如图 2-5 所示,由于基本尺寸与公差、偏差的大小相差很大,不便于用同一比例在图上表示,同时为了简化,在分析有关问题时,不画出孔、轴的结构,只画出放大的孔、轴公差区域和位置。

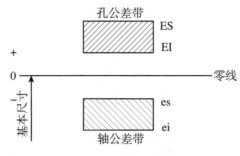

图 2-5　孔、轴公差带图

画公差带图的主要步骤:

(1) 画零线,标注"0""+""-"及单向尺寸线和基本尺寸值。

(2) 确定公差带大小及位置,并在公差带里注明相应孔、轴的字样或代号。

(3) 在上、下偏差位置标注上、下偏差的数值。

要点:

(1) 作图比例基本一致,单位 μm、mm 均可。

(2) 基本尺寸相同的孔、轴公差带才能画在一张图上。

(3) 在国标中,公差带包括了"公差带大小"与"公差带位置"两个参数,前者由标准公差确定,后者由基本偏差确定。

例 2-3　已知孔和轴的基本尺寸为 30 mm,孔的最大极限尺寸 D_{max} = 30.021 mm,最小极限尺寸 D_{min} = 30 mm;轴的最大极限尺寸 d_{max} = 29.993 mm,轴的最小极限尺寸 d_{min} = 29.980 mm。(1) 孔和轴的最大实体尺寸和最小实体尺寸分别为多少?(2) 求孔和轴的极限偏差和公差;(3) 画出孔和轴的公差带图。

解　(1) 孔和轴的最大、最小实体尺寸分别为

孔的最大实体尺寸 = 孔的最小极限尺寸 = 30(mm)

孔的最小实体尺寸 = 孔的最大极限尺寸 = 30.021(mm)

轴的最大实体尺寸 = 轴的最大极限尺寸 = 29.993(mm)

轴的最小实体尺寸 = 轴的最小极限尺寸 = 29.980(mm)

(2) 求孔和轴的极限偏差和公差:

孔的上偏差　$ES = D_{max} - D = 30.021 - 30 = +0.021 (\text{mm})$

孔的下偏差　$EI = D_{min} - D = 30 - 30 = 0$

孔的公差　$T_D = |D_{max} - D_{min}| = |30.021 - 30| = 0.021 (\text{mm})$

轴的上偏差　$es = d_{max} - d = 29.993 - 30 = -0.007 (\text{mm})$

轴的下偏差　$ei = d_{min} - d = 29.980 - 30 = -0.020 (\text{mm})$

轴的公差　$T_d = |d_{max} - d_{min}| = |29.993 - 29.980| = 0.013 (\text{mm})$

(3) 画出孔、轴的公差带图,如图 2-6 所示。

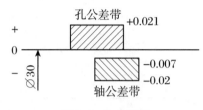

图 2-6　公差带图

2.2.5　有关"配合"的术语及定义

1. 配合

配合是指公称尺寸相同的、相互结合的孔和轴公差带之间的关系。配合反映了机器上相互结合的零件间的松紧程度和松紧变化程度,配合的松紧主要与间隙和过盈及其大小有关,配合的松紧变化与孔、轴公差带的大小有关,用公差带相互位置关系反映配合比较确切。

2. 间隙或过盈

间隙或过盈是指孔的尺寸减去相配合的轴的尺寸所得的代数差。该代数差为正值时,叫作间隙,用符号 X 表示;该代数差为负值时,叫作过盈,用符号 Y 表示。

3. 间隙配合

间隙配合是指具有间隙(包括最小间隙为零)的配合。此时,孔的公差带在轴的公差带之上,如图 2-7 所示。

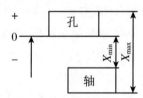

图 2-7　间隙配合示意图

由于孔和轴的实际尺寸在各自的公差带内变动,因此装配后每对孔、轴间的间隙(松紧)也是变化的。当上极限尺寸的孔与下极限尺寸的轴配合时,得到最大间隙,所得的差值叫作最大间隙,用 X_{max} 表示;反之,得到最小间隙,所得的差值叫作最小间隙,用 X_{min} 表示。最大间隙和最小间隙统称为极限间隙。

$$X_{\max} = D_{\max} - d_{\min} = ES - ei \tag{2-19}$$

$$X_{\min} = D_{\min} - d_{\max} = EI - es \tag{2-20}$$

当孔的最小极限尺寸与轴的最大极限尺寸相等时,则最小间隙为 0。

在实际设计中有时会用到平均间隙,间隙配合中的平均间隙用符号 X_{av} 表示,其大小为

$$X_{av} = \frac{X_{\max} + X_{\min}}{2} \tag{2-21}$$

4. 过盈配合

过盈配合是指具有过盈(包括最小过盈等于零)的配合。此时,孔公差带在轴公差带的下方,如图 2-8 所示。

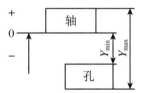

图 2-8 过盈配合

同样,装配后每对孔、轴间的过盈也是变化的。当上极限尺寸的孔与下极限尺寸的轴配合时,得到最小过盈,所得的差值叫作最小过盈,用 $Y_{\min}$ 表示;反之,得到最大过盈,所得的差值叫作最大过盈,用 $Y_{\max}$ 表示。最大过盈和最小过盈统称为极限过盈。

$$Y_{\min} = D_{\max} - d_{\min} = ES - ei \tag{2-22}$$

$$Y_{\max} = D_{\min} - d_{\max} = EI - es \tag{2-23}$$

当孔的最大极限尺寸与轴的最小极限尺寸相等时,则最小过盈量为 0。

同样,在实际设计中有时会用到平均过盈,过盈配合中的平均过盈用符号 Y_{av} 表示,其大小为

$$Y_{av} = \frac{Y_{\max} + Y_{\min}}{2} \tag{2-24}$$

5. 过渡配合

过渡配合是指可能具有间隙或过盈的配合。此时,孔公差带与轴公差带相互交叠,如图 2-9 所示。孔、轴的极限尺寸或极限偏差的关系为 $D_{\max} > d_{\min}$ 且 $D_{\min} < d_{\max}$,或 $ES > ei$ 且 $EI < es$。

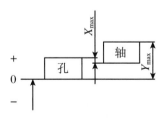

图 2-9 过渡配合

过渡配合的性质用最大间隙($X_{\max}$)和最大过盈($Y_{\max}$)两个特征值表示:

$$X_{\max} = D_{\max} - d_{\min} = ES - ei \tag{2-25}$$

$$Y_{\max} = D_{\min} - d_{\max} = EI - es \tag{2-26}$$

$X_{\max}$表示过渡配合中最松的状态，$Y_{\max}$表示过渡配合中最紧的状态。

最大间隙与最大过盈的平均值称为平均间隙或平均过盈，即

$$X_{av}(\text{或} Y_{av}) = \frac{X_{\max} + Y_{\max}}{2} \tag{2-27}$$

计算所得的数值为正值时是平均间隙，为负值时是平均过盈。

6. 配合公差及配合公差带图

配合公差是指组成配合的孔、轴公差之和，它是允许间隙和过盈的变动量，是一个没有符号的绝对值，用 T_f 表示。配合公差的大小表示配合松紧程度的变化量。

对于间隙配合：

$$T_f = |X_{\max} - X_{\min}| = T_D + T_d \tag{2-28}$$

对于过盈配合：

$$T_f = |Y_{\min} - Y_{\max}| = T_D + T_d \tag{2-29}$$

对于过渡配合：

$$T_f = |X_{\max} - Y_{\max}| = T_D + T_d \tag{2-30}$$

配合中间隙或过盈的允许变动量越小，则满足此要求的孔、轴公差就应越小，孔、轴的精度要求就越高。反之，则孔、轴的精度要求就越低。

为了直观表示相互结合的孔和轴的配合精度和配合性质，用配合公差带图表示，如图 2-10 所示。作图时，先画一条零线，表示间隙或过盈等于零。零线上方为正，表示间隙；零线下方为负，表示过盈。配合公差带完全在零线之上为间隙配合，完全在零线之下为过盈配合，跨在零线两侧为过渡配合。配合公差带上、下两端的坐标值代表极限间隙或极限过盈，上、下两端之间的距离为配合公差值。

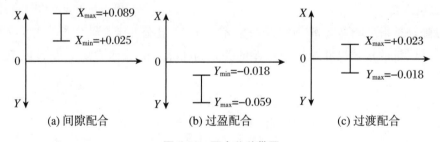

图 2-10 配合公差带图

例 2-4 $\varnothing 35^{+0.025}_{0}$ 的孔与 $\varnothing 35^{+0.059}_{+0.043}$ 的轴相配合是基孔制过盈配合。孔、轴公差带图如图 2-11(a)所示，配合公差带图如图 2-11(b)所示。各种计算见表 2-1。

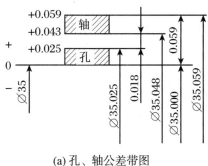
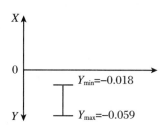

(a) 孔、轴公差带图　　　　　　　(b) 配合公差带图

图 2-11　过盈配合公差带图

表 2-1　孔、轴参数计算　　　　　　　　　　　　　　　　（单位：mm）

参　　数	孔	轴
公称尺寸	35	35
上极限偏差	ES = +0.025	es = +0.059
下极限偏差	EI = 0（基本偏差）	ei = +0.043（基本偏差）
标准公差	$T_D = 0.025$	$T_d = 0.016$
上极限尺寸	35.025	35.059
下极限尺寸	35.000	35.043
最大过盈	$Y_{max} = 35.000 - 35.059 = -0.059$	
最小过盈	$Y_{min} = 35.025 - 35.043 = -0.018$	
配合公差（过盈公差）	$T_f = Y_{min} - Y_{max} = -0.018 - (-0.059) = 0.041$ 或 $T_f = T_D + T_d = 0.025 + 0.016 = 0.041$	

例 2-5　孔 $\varnothing 25^{+0.021}_{0}$ mm 分别与轴 $\varnothing 25^{+0.048}_{+0.035}$ mm、轴 $\varnothing 25^{+0.028}_{+0.015}$ mm、轴 $\varnothing 25^{-0.007}_{-0.020}$ mm 形成配合，试画出配合的孔与轴的公差带图，说明配合类别，并求出特征参数及配合公差。

解　（1）画出孔与轴的公差带图，如图 2-12 所示。

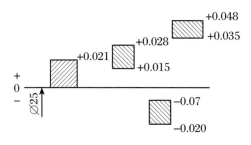

图 2-12　孔、轴公差带图

（2）由孔与轴的三种配合公差带图可知：孔 $\varnothing 25^{+0.021}_{0}$ mm 与轴 $\varnothing 25^{-0.007}_{-0.020}$ mm、轴 $\varnothing 25^{+0.048}_{+0.035}$ mm、轴 $\varnothing 25^{+0.028}_{+0.015}$ mm 分别形成间隙配合、过盈配合和过渡配合。

(3) 计算特征参数及配合公差。

① 孔 $\varnothing 25^{+0.021}_{0}$ mm 与轴 $\varnothing 20^{-0.007}_{-0.020}$ mm 形成间隙配合的特征参数：

$$X_{\max} = ES - ei = +0.021 - (-0.020) = +0.041(\text{mm})$$

$$X_{\min} = EI - es = 0 - (-0.007) = +0.007(\text{mm})$$

配合公差：

$$T_f = |X_{\max} - X_{\min}| = |0.041 - (+0.007)| = 0.034(\text{mm})$$

② 孔 $\varnothing 25^{+0.021}_{0}$ mm 与轴 $\varnothing 25^{+0.048}_{+0.035}$ mm 形成过盈配合的特征参数：

$$Y_{\max} = EI - es = 0 - (+0.048) = -0.048(\text{mm})$$

$$Y_{\min} = ES - ei = +0.021 - (+0.035) = -0.014(\text{mm})$$

配合公差：

$$T_f = |Y_{\min} - Y_{\max}| = |-0.014 - (-0.048)| = 0.034(\text{mm})$$

③ 孔 $\varnothing 25^{+0.021}_{0}$ mm 与轴 $\varnothing 25^{+0.028}_{+0.015}$ mm 形成过渡配合的特征参数：

$$X_{\max} = ES - ei = +0.021 - (+0.015) = +0.006(\text{mm})$$

$$Y_{\max} = EI - es = 0 - (+0.028) = -0.0028(\text{mm})$$

配合公差：

$$T_f = |X_{\max} - Y_{\max}| = |+0.006 - (-0.028)| = 0.034(\text{mm})$$

2.3 极限与配合的国家标准

根据前述可知，配合是孔、轴公差带的组合。而孔、轴公差带是由公差带的大小和位置两个基本要素组成的。前者决定公差值的大小（即配合精度），后者决定配合的性质（即配合松紧）。为了实现互换性和满足各种使用要求，国家标准对不同基本尺寸，按标准公差系列（公差带大小或公差数值）标准化和基本偏差系列（公差带位置）标准化的原则做了详细的规定。下面阐述极限与配合的构成规则和特征。

2.3.1 配合制

配合制是指以两个相配合的零件中的一个零件为基准件，并确定其公差带位置，而改变另一个零件（非基准件）的公差带位置，从而形成各种配合的一种制度。国家标准中规定有基孔制和基轴制两种配合制。

1. 基孔制

基本偏差为一定的孔的公差带，与不同基本偏差的轴公差带形成各种配合的一种制度，如图 2-13(a)所示。基孔制配合中的孔称为基准孔,基准孔的下极限尺寸与公称尺寸相等,即孔的下极限偏差为 0,其基本偏差代号为 H,基本偏差为 EI = 0。

2. 基轴制

基本偏差为一定的轴的公差带,与不同基本偏差的孔公差带形成各种配合的一种制度,如图 2-13(b)所示。基轴制配合中的轴为基准轴,基准轴的上极限尺寸与公称尺寸相等,即轴的上极限偏差为 0,其基本偏差代号为 h,基本偏差为 es = 0。

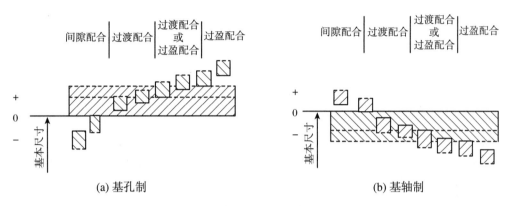

图 2-13 基孔制配合和基轴制配合

2.3.2 标准公差系列

标准公差系列是国家标准制定出的一系列标准公差数值,它包含两项内容:标准公差等级及标准公差尺寸。

1. 公差单位(公差因子)

公差单位是随公称尺寸的变化而变化,用来计算标准公差的一个基本单位。生产实践表明,在相同加工条件下,公称尺寸不同的孔或轴加工后产生的加工误差也不同。利用统计法可以发现,在尺寸较小时加工误差与公称尺寸呈立方抛物线的关系,在尺寸较大时接近线性关系,如图 2-14 所示。由于公差是用来控制误差的,所以公差与公称尺寸之间也应符合这个规律。

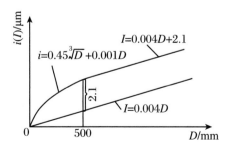

图 2-14 公差因子与公称尺寸关系图

当公称尺寸≤500 mm时，国家标准的标准公差因子i按下式计算：

$$i = 0.45\sqrt[3]{D} + 0.001D \tag{2-31}$$

式中，D为公称尺寸的计算值，单位为mm。式(2-31)右边第1项主要反映加工误差，第2项主要用于补偿测量时温度不稳定和偏离标准温度以及量规的变形等引起的测量误差。

当公称尺寸>500~3150 mm范围时，国家标准的标准公差因子I按下式计算：

$$I = 0.004D + 2.1 \tag{2-32}$$

式中，D、I的含义及单位与前述相同。对于大尺寸而言，与直径成正比的误差因素，其影响增长很快，特别是温度变化影响大，而温度变化引起的误差随直径的增大呈线性关系，所以国家标准规定大尺寸的标准公差因子采用线性关系。

2. 公差等级

确定尺寸精确程度的等级称为公差等级。国家标准将标准公差分为20级，各级标准公差用代号IT及数字01,0,1,2,…,18表示，IT是国际公差"ISO tolerance"的缩写。如IT8称为标准公差8级。从IT01~IT18等级依次降低，相应的标准公差数值则依次增大，如表2-2所示。

每一个公差等级有一个确定的公差等级系数，对于IT6~IT18级，公差等级系数按R5优先数系增加，公比为$\sqrt[5]{10}=1.6$，即每隔5个等级公差值增加10倍。

对高精度等级IT01、IT0、IT1，主要考虑测量误差，所以标准公差与公称尺寸呈线性关系，且三个公差等级之间的常数和系数均采用优先数系的派生系列R10/2。IT2~IT4是在IT1、IT5之间插入三级，使之成等比数列，公称尺寸大于500~3150 mm时，可按式$IT=aI$计算标准公差，a为公差等级系数。由此可见，标准公差数值计算的规律性很强，便于标准的发展和扩大使用。公差等级和标准公差计算公式如表2-2所示。

表2-2 公差等级和标准公差计算公式

公差等级	IT01	IT0	IT1	IT2	IT3	IT4
公差值	$0.3+0.008D$	$0.05+0.012D$	$0.8+0.020D$	$IT1\left(\frac{IT5}{IT1}\right)^{\frac{1}{4}}$	$IT1\left(\frac{IT5}{IT1}\right)^{\frac{1}{2}}$	$IT1\left(\frac{IT5}{IT1}\right)^{\frac{3}{4}}$

公差等级	IT5	IT6	IT7	IT8	IT9	IT10	IT11	IT12	IT13	IT14	IT15	IT16	IT17	IT18
公差值	$7i$	$10i$	$16i$	$25i$	$40i$	$64i$	$100i$	$160i$	$250i$	$400i$	$640i$	$1000i$	$1600i$	$2500i$

3. 公称尺寸分段

根据标准公差计算公式，每有一个基本尺寸就应该有一个相对应的公差值。但在生产实践中基本尺寸太多，如此就会形成一个庞大的公差数值表，给生产带来很多困难。为了减少公差数目，统一公差值，简化公差表格，特别考虑到便于应用，国家标准对基本尺寸进行了分段。尺寸分段后，对同一尺寸分段内的所有基本尺寸，在相同公差等级的情况下，规定相同的标准公差。国家标准基本尺寸主段落和中间段落的分段如表2-3所示。

表 2-3 公称尺寸≤500 mm 的尺寸分段

主段落		中间段落		主段落		中间段落		主段落		中间段落	
大于	至	大于	至	大于	至	大于	至	大于	至	大于	至
—	3	—	—	30	50	30	40	180	250	180	200
										200	225
3	6	—	—			40	50			225	250
				50	80	50	65	250	315	250	280
6	10	—	—			65	80			280	315
10	18	10	14	80	120	80	100	315	400	315	355
						100	120			355	400
		14	18			120	140			400	450
18	30	18	24	120	180	140	160	400	500	450	500
		24	30			160	180				

尺寸分段后,标准公差计算式中的公称尺寸 D 按每一尺寸分段首尾两尺寸的几何平均值代入计算。如 50～80 mm 尺寸段的计算直径 $D=\sqrt{50\times 80}=63.25$ mm,只要属于这一尺寸分段内的公称尺寸,其标准公差的计算直径均按 63.25 mm 取用。

例 2-6 公称尺寸为 $\varnothing$30 mm,求 IT6 和 IT7。

解 $\varnothing$30 mm 属于 >18～30 mm 尺寸分段。

计算直径　$D=\sqrt{18\times 30}\approx 23.24(\text{mm})$

公差单位　$i=0.45\sqrt[3]{D}+0.001D=0.45\sqrt[3]{23.24}+0.001\times 23.24\approx 1.31(\mu\text{m})$

标准公差:

$$\text{IT6}=10i=10\times 1.31\approx 13(\mu\text{m})$$

$$\text{IT7}=16i=16\times 1.31\approx 21(\mu\text{m})$$

标准公差就是按照上述计算的公差值并按国家标准圆整后得出的,GB/T 1800.2—2020 标准公差数值如表 2-4 所示。

表 2-4 公称尺寸至 3150 mm 的标准公差数值

公称尺寸/mm		标准公差等级																		
大于	至	IT01	IT0	IT1	IT2	IT3	IT4	IT5	IT6	IT7	IT8	IT9	IT10	IT11	IT12	IT13	IT14	IT15	IT16	IT17	IT18
		标准公差值																		
		μm													mm						
—	3	0.3	0.5	0.8	1.2	2	3	4	6	10	14	25	40	60	0.1	0.14	0.25	0.4	0.6	1	1.4
3	6	0.4	0.6	1	1.5	2.5	4	5	8	12	18	30	48	75	0.12	0.18	0.3	0.48	0.75	1.2	1.8
6	10	0.4	0.6	1	1.5	2.5	4	6	9	15	22	36	58	90	0.15	0.22	0.36	0.58	0.9	1.5	2.2
10	18	0.5	0.8	1.2	2	3	5	8	11	18	27	43	70	110	0.18	0.27	0.43	0.7	1.1	1.8	2.7
18	30	0.6	1	1.5	2.5	4	6	9	13	21	33	52	84	130	0.21	0.33	0.52	0.84	1.3	2.1	3.3
30	50	0.6	1	1.5	2.5	4	7	11	16	25	39	62	100	160	0.25	0.39	0.62	1	1.6	2.5	3.9
50	80	0.8	1.2	2	3	5	8	13	19	30	46	74	120	190	0.3	0.46	0.74	1.2	1.9	3	4.6
80	120	1	1.5	2.5	4	6	10	15	22	35	54	87	140	220	0.35	0.54	0.87	1.4	2.2	3.5	5.4
120	180	1.2	2	3.5	5	8	12	18	25	40	63	100	160	250	0.4	0.63	1	1.6	2.5	4	6.3
180	250	2	3	4.5	7	10	14	20	29	46	72	115	185	290	0.46	0.72	1.15	1.85	2.9	4.6	7.2
250	315	2.5	4	6	8	12	16	23	32	52	81	130	210	320	0.52	0.81	1.3	2.1	3.2	5.2	8.1
315	400	3	5	7	9	13	18	25	36	57	89	140	230	360	0.57	0.89	1.4	2.3	3.6	5.7	8.9
400	500	4	6	8	10	15	20	27	40	63	97	155	250	400	0.63	0.97	1.55	2.5	4	6.3	9.7
500	630	—	—	9	11	16	22	32	44	70	110	175	280	440	0.7	1.1	1.75	2.8	4.4	7	11
630	800	—	—	10	13	18	25	36	50	80	125	200	320	500	0.8	1.25	2	3.2	5	8	12.5
800	1000	—	—	11	15	21	28	40	56	90	140	230	360	560	0.9	1.4	2.3	3.6	5.6	9	14
1000	1250	—	—	13	18	24	33	47	66	105	165	260	420	660	1.05	1.65	2.6	4.2	6.6	10.5	16.5
1250	1600	—	—	15	21	29	39	55	78	125	195	310	500	780	1.25	1.95	3.1	5	7.8	12.5	19.5
1600	2000	—	—	18	25	35	46	65	92	150	230	370	600	920	1.5	2.3	3.7	6	9.2	15	23
2000	2500	—	—	22	30	41	55	78	110	175	280	440	700	1100	1.75	2.8	4.4	7	11	17.5	28
2500	3150	—	—	26	36	50	68	96	135	210	330	540	860	1350	2.1	3.3	5.4	8.6	13.5	21	33

注：表中数值来源于 GB/T 1800.2—2020。

2.3.3 基本偏差系列

基本偏差是用来确定公差带相对于零线位置的上偏差或下偏差,一般指靠近零线的那个偏差。当公差带位于零线上方时,其基本偏差为下偏差;当公差带位于零线下方时,其基本偏差为上偏差。基本偏差是国家标准体系中公差带位置标准化的重要指标。为了满足机器中各种不同性质和不同松紧程度的配合的需要,国家标准对孔和轴分别规定了28种公差带位置,采用28种基本偏差代号来表示。

1. 基本偏差代号

基本偏差的代号用拉丁字母表示,大写代表孔,小写代表轴;28种基本偏差代号是在26个字母中,除去易与其他字符混淆的I、L、O、Q、W(i、l、o、q、w)5个字母,用剩下的21个字母再加7个双写字母CD、EF、FG、ZA、ZB、ZC、JS(cd、ef、g、za、zb、zc、js)来表示的。这28种基本偏差构成了基本偏差系列。

2. 基本偏差系列图及其特点

基本偏差系列图如图2-15所示,从图可知:在孔的基本偏差中,A~H为下偏差EI,其绝对值依次减小,J~ZC为上偏差ES(除J和K外);对轴的基本偏差,a~h为上偏差es,j~zc为下偏差ei(除j和k外)。其中H和h的基本偏差为零,分别表示基准孔和基准轴;JS和js在各个公差等级中公差带对零线位置完全对称,因此基本偏差可为上偏差($+IT/2$),也可为下偏差($-IT/2$)。JS和js将逐渐取代近似对称偏差J和j,故在国家标准中,孔仅保留了J6、J7、J8,轴仅保留了j5、j6、j7、j8等几种。

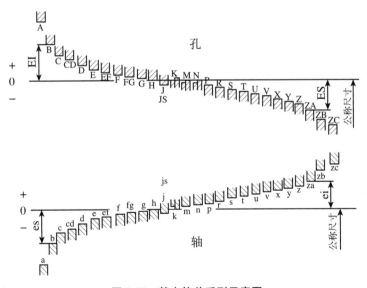

图2-15 基本偏差系列示意图

在基本偏差系列图中,仅绘出了公差带的一端,公差带另一端未绘出,因为它取决于公差等级和这个基本偏差的组合。

3. 基本偏差数值

(1) 轴的基本偏差数值

轴的基本偏差是在基孔制配合的基础上制定的,通过试验与分析,总结出轴的基本偏差的系列公式进行计算,并对尾数进行圆整后得出。轴的基本偏差计算公式见表 2-5,表中 D 值是尺寸分段中首尾两个尺寸的几何平均值,单位为 mm;基本偏差的计算结果以 μm 计;除 j 和 js 外,表中所列的公式与公差等级无关。为了方便使用,国家标准按上述轴的基本偏差计算公式,计算列出了轴的基本偏差数值表,见表 2-6、表 2-7。

轴的基本偏差可根据使用需要查表确定,另一个极限偏差则可根据轴的基本偏差和标准公差的数值按下列关系式计算:

$$\text{公差带在零线之下时:ei = es - IT} \tag{2-33}$$

$$\text{公差带在零线之上时:es = ei + IT} \tag{2-34}$$

表 2-5　公称尺寸≤500 mm 的轴的基本偏差计算公式

基本偏差代号	适用范围	基本偏差为上偏差(es)	基本偏差代号	适用范围	基本偏差为下偏差(ei)
a	D≤120 mm	$-(265+1.3D)$	j	IT5～IT8	经验数据
a	D>120 mm	$-3.5D$	k	≤IT3 或≥IT8	0
			k	IT4～IT7	$+0.6\sqrt[3]{D}$
b	D≤160 mm	$-(140+0.85D)$	m		$+(IT7-IT6)$
b	D>160 mm	$-1.8D$	n		$+5D^{0.34}$
c	D≤40 mm	$-52D^{0.2}$	p		$+IT7+(0\sim5)$
c	D>40 mm	$-(95+0.8D)$	r		$+\sqrt{ps}$
cd		$-\sqrt{cd}$	s	D≤50 mm	$+IT8+(1\sim4)$
			s	D>50 mm	$+IT7+0.4D$
d		$-16D^{0.44}$	t	D>24 mm	$+IT7+0.63D$
e		$-11D^{0.41}$	u		$+IT7+D$
ef		$-\sqrt{ef}$	v	D>14 mm	$+IT7+1.25D$
f		$-5.5D^{0.41}$	x		$+IT7+1.6D$
fg		$-\sqrt{fg}$	y	D>18 mm	$+IT7+2D$
g		$-2.5D^{0.34}$	z		$+IT7+2.5D$
			za		$+IT8+3.15D$
h		0	zb		$+IT9+4D$
			zc		$+IT10+5D$

$$js = \pm \frac{IT}{2}$$

表 2-6 轴 a~j 的基本偏差数值（GB/T 1800.1—2020）

公称尺寸/mm		基本偏差数值/μm															
		上极限偏差,es												下极限偏差,ei			
		所有公差等级												IT5和IT6	IT7	IT8	
		a[a]	b[a]	c	cd	d	e	ef	f	fg	g	h	js	j	j	j	
大于	至																
—	3	−270	−140	−60	−34	−20	−14	−10	−6	−4	−2	0	偏差＝±ITn/2（式中 n 为标准公差等级数）	−2	−2	−4	−6
3	6	−270	−140	−70	−46	−30	−20	−14	−10	−6	−4	0		−2	−2	−4	
6	10	−280	−150	−80	−56	−40	−25	−18	−13	−8	−5	0		−2	−2	−5	
10	14	−290	−150	−95	−70	−50	−32	−23	−16	−10	−6	0		−3	−3	−6	
14	18	−290	−150	−95	−70	−50	−32	−23	−16	−10	−6	0		−3	−3	−6	
18	24	−300	−160	−110	−85	−65	−40	−25	−20	−12	−7	0		−4	−4	−8	
24	30	−300	−160	−110	−85	−65	−40	−25	−20	−12	−7	0		−4	−4	−8	
30	40	−310	−170	−120	−100	−80	−50	−35	−25	−15	−9	0		−5	−5	−10	
40	50	−320	−180	−130	−100	−80	−50	−35	−25	−15	−9	0		−5	−5	−10	
50	65	−340	−190	−140		−100	−60		−30		−10	0		−7	−7	−12	
65	80	−360	−200	−150		−100	−60		−30		−10	0		−7	−7	−12	
80	100	−380	−220	−170		−120	−72		−36		−12	0		−9	−9	−15	
100	120	−410	−240	−180		−120	−72		−36		−12	0		−9	−9	−15	
120	140	−460	−260	−200		−145	−85		−43		−14	0		−11	−11	−18	
140	160	−520	−280	−210		−145	−85		−43		−14	0		−11	−11	−18	
160	180	−580	−310	−230		−145	−85		−43		−14	0		−11	−11	−18	
180	200	−660	−340	−240		−170	−100		−50		−15	0		−13	−13	−21	
200	225	−740	−380	−260		−170	−100		−50		−15	0		−13	−13	−21	
225	250	−820	−420	−280		−170	−100		−50		−15	0		−13	−13	−21	
250	280	−920	−480	−300		−190	−110		−56		−17	0		−16	−16	−26	
280	315	−1050	−540	−330		−190	−110		−56		−17	0		−16	−16	−26	
315	355	−1200	−600	−360		−210	−125		−62		−18	0		−18	−18	−28	
355	400	−1350	−680	−400		−210	−125		−62		−18	0		−18	−18	−28	
400	450	−1500	−760	−440		−230	−135		−68		−20	00		−20	−20	−32	
450	500	−1650	−840	−480		−230	−135		−68		−20	00		−20	−20	−32	

续表

公称尺寸/mm		基本偏差数值/μm														
		上极限偏差,es										下极限偏差,ei			
		所有公差等级										IT5和IT6	IT7	IT8	
大于	至	a[a]	b[a]	c	cd	d	e	ef	f	fg	g	h	js	j		
500	560					-260	-145		-76		-22	0	偏差= ±ITn/2 (式中n为标准公差等级数)			
560	630					-290	-160		-80		-24	0				
630	710					-290	-160		-80		-24	0				
710	800															
800	900					-320	-170		-86		-26	0				
900	1000															
1000	1120					-350	-195		-98		-28	0				
1120	1250															
1250	1400					-390	-220		-110		-30	0				
1400	1600															
1600	1800					-430	-240		-120		-32	0				
1800	2000															
2000	2240					-480	-260		-130		-34	0				
2240	2500															
2500	2800					-520	-290		-145		-38	0				
2800	3150															

注:公称尺寸≤1 mm时,不使用基本偏差a和b。

表 2-7 轴 k~zc 的基本偏差数值 (GB/T 1800.1—2020)

公称尺寸/mm		基本偏差数值（下极限偏差，ei）/μm																
		所用公差等级																
		k		m	n	p	r	s	t	u	v	x	y	z	za	zb	zc
大于	至	IT4 至 IT7	≤IT3,>IT7														
—	3	0	0	+2	+4	+6	+10	+14		+18		+20		+26	+32	+40	+60
3	6	+1	0	+4	+8	+12	+15	+19		+23		+28		+35	+42	+50	+80
6	10	+1	0	+6	+10	+15	+19	+23		+28		+34		+42	+52	+67	+97
10	14	+1	0	+7	+12	+18	+23	+28		+33		+40		+50	+64	+90	+130
14	18	+1	0	+7	+12	+18	+23	+28		+33	+39	+45		+60	+77	+108	+150
18	24	+2	0	+8	+15	+22	+28	+35		+41	+47	+54	+63	+73	+98	+136	+188
24	30	+2	0	+8	+15	+22	+28	+35	+41	+48	+55	+64	+75	+88	+118	+160	+218
30	40	+2	0	+9	+17	+26	+34	+43	+48	+60	+68	+80	+94	+112	+148	+200	+274
40	50	+2	0	+9	+17	+26	+34	+43	+54	+70	+81	+97	+114	+136	+180	+242	+325
50	65	+2	0	+11	+20	+32	+41	+53	+66	+87	+102	+122	+144	+172	+226	+300	+405
65	80	+2	0	+11	+20	+32	+43	+59	+75	+102	+120	+146	+174	+210	+274	+360	+480
80	100	+3	0	+13	+23	+37	+51	+71	+91	+124	+146	+178	+214	+258	+335	+445	+585
100	120	+3	0	+13	+23	+37	+54	+79	+104	+144	+172	+210	+254	+310	+400	+525	+690
120	140	+3	0	+15	+27	+43	+63	+92	+122	+170	+202	+248	+300	+365	+470	+620	+800
140	160	+3	0	+15	+27	+43	+65	+100	+134	+190	+228	+280	+340	+415	+535	+700	+900
160	180	+3	0	+15	+27	+43	+68	+108	+146	+210	+252	+310	+380	+465	+600	+780	+1000
180	200	+4	0	+17	+31	+50	+77	+122	+166	+236	+284	+350	+425	+520	+670	+880	+1150
200	225	+4	0	+17	+31	+50	+80	+130	+180	+258	+310	+385	+470	+575	+740	+960	+1250
225	250	+4	0	+17	+31	+50	+84	+140	+196	+284	+340	+425	+520	+640	+820	+1050	+1350
250	280	+4	0	+20	+34	+56	+94	+158	+218	+315	+385	+475	+580	+710	+920	+1200	+1550
280	315	+4	0	+20	+34	+56	+98	+170	+240	+350	+425	+525	+650	+790	+1000	+1300	+1700
315	355	+4	0	+21	+37	+62	+108	+190	+268	+390	+475	+590	+730	+900	+1150	+1500	+1900
355	400	+4	0	+21	+37	+62	+114	+208	+294	+435	+530	+660	+820	+1000	+1300	+1650	+2100

续表

公称尺寸/mm		基本偏差数值（下极限偏差,ei）/μm																
		所用公差等级																
大于	至	k		m	n	p	r	s	t	u	v	x	y	z	za	zb	zc
		IT4 至 IT7	≤IT3,>IT7															
400	450	+5	0	+23	+40	+68	+126	+232	+330	+490	+595	+740	+920	+1100	+1450	+1850	+2400
450	500	+5	0	+23	+40	+68	+132	+252	+360	+540	+660	+820	+1000	+1250	+1600	+2100	+2600
500	560		0	+26	+44	+78	+150	+280	+400	+600							
560	630		0	+26	+44	+78	+155	+310	+450	+660							
630	710		0	+30	+50	+88	+175	+340	+500	+740							
710	800		0	+30	+50	+88	+185	+380	+560	+840							
800	900		0	+34	+56	+100	+210	+430	+620	+940							
900	1000		0	+34	+56	+100	+220	+470	+680	+1050							
1000	1120		0	+40	+66	+120	+250	+520	+780	+1150							
1120	1250		0	+40	+66	+120	+260	+580	+840	+1300							
1250	1400		0	+48	+78	+140	+300	+640	+960	+1450							
1400	1600		0	+48	+78	+140	+330	+720	+1050	+1600							
1600	1800		0	+58	+92	+170	+370	+820	+1200	+1850							
1800	2000		0	+58	+92	+170	+400	+920	+1350	+2000							
2000	2240		0	+68	+110	+195	+440	+1000	+1500	+2300							
2240	2500		0	+68	+110	+195	+460	+1100	+1650	+2500							
2500	2800		0	+76	+135	+240	+550	+1250	+1900	+2900							
2800	3150		0	+76	+135	+240	+580	+1400	+2100	+3200							

(2) 孔的基本偏差数值

由于构成基本偏差公式所考虑的因素是一致的,所以孔的基本偏差不需要另外制定一套计算公式,而是根据相同字母代号轴的基本偏差,在相应的公差等级的基础上按一定的规则换算得来。换算的原则是:基本偏差字母代号同名的孔和轴,分别构成的基轴制与基孔制的配合(这样的配合称为同名配合),在孔、轴为同一公差等级或孔比轴低一级的条件下(如 $\varnothing 25H7/f6$ 与 $\varnothing 25F7/h6$、$\varnothing 25H8/p8$ 与 $\varnothing 25P8/h8$、$\varnothing 25H7/p6$ 与 $\varnothing 25P7/h6$),其配合的性质必须相同(即具有相同的极限间隙或极限过盈)。据此有以下两种换算规则。通用规则:同一字母表示的孔、轴基本偏差的绝对值相等,而符号相反,即对于 A~H,EI = -es;对于 K~ZC,ES = -ei。特殊规则:对于标准公差≤IT8 的 K、M、N 和≤IT7 的 P~ZC,孔的基本偏差 ES 与同字母的轴的基本偏差 ei 的符号相反,而绝对值相差一个 Δ 值,即

$$ES = -ei + \Delta, \quad \Delta = ITn - IT(n-1)$$

式中,ITn 为孔的标准公差,$IT(n-1)$ 为比孔高一级的轴的标准公差。公称尺寸≤500 mm 时,孔的基本偏差是从轴的基本偏差换算得到的,见表 2-8、表 2-9。国家标准规定,孔的基本偏差数值,可由同名的轴的基本偏差换算得到。

例 2-7 确定 $\varnothing 20H7/f6$、$\varnothing 20F7/h6$ 孔与轴的极限偏差,并画出公差带图。

解 查表 2-4 可知标准公差:IT7 = 21 μm,IT6 = 13 μm。

轴 f 的基本偏差为上极限偏差 es,查表 2-6 可知轴的基本偏差:es = -20 μm,f6 的下极限偏差为

$$ei = es - IT6 = -20 - 13 = -33(\mu m)$$

基准孔 H7 的基本偏差为 EI,查表 2-8 可知孔的基本偏差:EI = 0 μm,孔 H7 的上极限偏差为

$$ES = EI + IT7 = 0 + 21 = +21(\mu m)$$

孔 F7 的基本偏差为 EI,查表 2-8 可知孔的基本偏差:EI = +20 μm,孔 F7 的上极限偏差为

$$ES = EI + IT7 = +20 + 21 = +41(\mu m)$$

基准轴 h6 的基本偏差为 es,查表 2-6 可知轴的基本偏差:es = 0 μm,基准轴 h6 的下偏差为

$$ei = es - IT6 = 0 - 13 = -13(\mu m)$$

综上可知:

$$\varnothing 20H7 \begin{pmatrix} +0.021 \\ 0 \end{pmatrix}; \quad \varnothing 20f6 \begin{pmatrix} -0.020 \\ -0.033 \end{pmatrix}$$

$$\varnothing 20F7 \begin{pmatrix} +0.041 \\ +0.020 \end{pmatrix}; \quad \varnothing 20h6 \begin{pmatrix} 0 \\ -0.013 \end{pmatrix}$$

表 2-8　孔 A～M 的基本偏差数值

基本偏差数值/μm

公称尺寸/mm		下偏差极限，EI											上偏差极限，ES						
		所有公差等级											IT6	IT7	IT8	≤IT8	>IT8	≤IT8	>IT8
大于	至	A[a]	B[a]	C	CD	D	E	EF	F	FG	G	H	JS	J		K[c,d]		M[b,c,d]	
—	3	+270	+140	+60	+34	+20	+14	+10	+6	+4	+2	0	偏差=±ITn/2 （式中 n 为标准公差等级数）	+2	+4	+6	0	0	−2	−2
3	6	+270	+140	+70	+46	+30	+20	+14	+10	+6	+4	0		+5	+6	+10	−1+Δ		−4+Δ	−4
6	10	+280	+150	+80	+56	+40	+25	+18	+13	+8	+5	0		+5	+8	+12	−1+Δ		−6+Δ	−6
10	14	+290	+150	+95	+70	+50	+32	+23	+16	+10	+6	0		+6	+10	+15	−1+Δ		−7+Δ	−7
14	18																			
18	24	+300	+160	+110	+85	+65	+40	+28	+20	+12	+7	0		+8	+12	+20	−2+Δ		−8+Δ	−8
24	30																			
30	40	+310	+170	+120	+100	+80	+50	+35	+25	+15	+9	0		+10	+14	+24	−2+Δ		−9+Δ	−9
40	50	+320	+180	+130																
50	65	+340	+190	+140		+100	+60		+30		+10	0		+13	+18	+28	−2+Δ		−11+Δ	−11
65	80	+360	+200	+150																
80	100	+380	+220	+170		+120	+72		+36		+12	0		+16	+22	+34	−3+Δ		−13+Δ	−13
100	120	+410	+240	+180																
120	140	+460	+260	+200																
140	160	+520	+280	+210		+145	+85		+43		+14	0		+8	+26	+41	−3+Δ		−15+Δ	−15
160	180	+580	+310	+230																

续表

第 2 章 孔与轴的极限与配合

公称尺寸/mm		基本偏差数值/μm																			
		下偏差极限,EI											上偏差极限,ES								
		所有公差等级											IT6	IT7	IT8	≤IT8	>IT8	≤IT8	>IT8		
		A[a]	B[a]	C	CD	D	E	EF	F	FG	G	H	JS			J		K[c,d]		M[b,c,d]	
大于	至																				
180	200	+660	+340	+240		+170	+100		+50		+15	0	偏差=±ITn/2(式中 n 为标准公差等级数)	+22	+30	+47	−4+Δ	−17+Δ	−17	
200	225	+740	+380	+260																
225	250	+820	+420	+280																
250	280	+920	+480	+300		+190	+110		+56		+17	0		+25	+36	+55	−4+Δ	−20+Δ	−20	
280	315	+1050	+540	+330																
315	355	+1200	+600	+360		+210	+125		+62		+18	0		+29	+39	+60	−4+Δ	−21+Δ	−21	
355	400	+1350	+680	+400																
400	450	+1500	+760	+440		+230	+135		+68		+20	0		+33	+43	+66	−5+Δ	−23+Δ	−23	
450	500	+1650	+840	+480																
500	560					+260	+145		+76		+22	0					0	−26		
560	630																			
630	710					+290	+160		+80		+24	0					0	−30		
710	800																			
800	900					+320	+170		+86		+26	0					0	−34		
900	1000																			
1000	1120					+350	+195		+98		+28	0					0	−40		
1120	1250																			
1250	1400					+390	+220		+110		+30	0					0	−48		
1400	1600																			
1600	1800					+430	+240		+120		+32	0					0	−58		
1800	2000																			
2000	2240					+480	+260		+130		+34	0					0	−68		
2240	2500																			
2500	2800					+520	+290		+145		+38	0					0	−76		
2800	3150																			

注:a. 公称尺寸≤1 mm 时,不适用基本偏差 A 和 B。b. 特例:对于公称尺寸大于 250~315 mm 的公差代号 M6,$ES=-9$ μm(计算结果不是 −11 μm)。c. 为确定 K 和 M 的值,需参考最新国标规定。d. 对于 Δ 值,见表 2-9。

表2-9 孔 N～ZC 的基本偏差数值（单位：μm）

公称尺寸		基本偏差数值，上极限偏差																Δ 值标准公差等级						
		N[a,b]			P～ZC					>IT7 的标准公差等级														
大于	至	≤IT8	>IT8	≤IT7	P~ZC	P	R	S	T	U	V	X	Y	Z	ZA	ZB	ZC	IT3	IT4	IT5	IT6	IT7	IT8
—	3	−4	−4	在>IT7 的标准公差等级的基本偏差数值上增加一个 Δ 值		−6	−10	−14		−18		−20		−26	−32	−40	−60	0	0	0	0	0	0
3	6	−8+Δ	0			−12	−15	−19		−23		−28		−35	−42	−50	−80	1	1.5	1	3	4	6
6	10	−10+Δ	0			−15	−19	−23		−28		−34		−42	−52	−67	−97	1	1.5	2	3	6	7
10	14	−12+Δ	0			−18	−23	−28		−33		−40		−50	−64	−90	−130	1	2	3	3	7	9
14	18										−39	−45		−60	−77	−108	−150						
18	24	−15+Δ	0			−22	−28	−35		−41	−47	−54	−63	−73	−98	−136	−188	1.5	2	3	4	8	12
24	30								−41	−48	−55	−64	−75	−88	−118	−160	−218						
30	40	−17+Δ	0			−26	−34	−43	−48	−60	−68	−80	−94	−112	−148	−200	−274	1.5	3	4	5	9	14
40	50								−54	−70	−81	−97	−114	−136	−180	−242	−325						
50	65	−20+Δ	0			−32	−41	−53	−66	−87	−102	−122	−144	−172	−226	−300	−405	2	3	5	6	11	16
65	80						−43	−59	−75	−102	−120	−146	−174	−210	−274	−360	−480						
80	100	−23+Δ	0			−37	−51	−71	−91	−124	−146	−178	−214	−258	−335	−445	−585	2	4	5	7	13	19
100	120						−54	−79	−104	−144	−172	−210	−254	−310	−400	−525	−690						
120	140	−27+Δ	0			−43	−63	−92	−122	−170	−202	−248	−300	−365	−470	−620	−800	3	4	6	7	15	23
140	160						−65	−100	−134	−190	−228	−280	−340	−415	−535	−700	−900						
160	180						−68	−108	−146	−210	−252	−310	−380	−465	−600	−780	−1000						
180	200	−31+Δ	0			−50	−77	−122	−166	−236	−284	−350	−425	−520	−670	−880	−1150	3	4	6	9	17	26
200	225						−80	−130	−180	−258	−310	−385	−470	−575	−740	−960	−1250						
225	250						−84	−140	−196	−284	−340	−425	−520	−640	−820	−1050	−1350						
250	280	−34+Δ	0			−56	−94	−158	−218	−315	−385	−475	−580	−710	−920	−1200	−1550	4	4	7	9	20	29
280	315						−98	−170	−240	−350	−425	−525	−650	−790	−1000	−1300	−1700						
315	355	−37+Δ	0			−62	−108	−190	−268	−390	−475	−590	−730	−900	−1150	−1500	−1900	4	5	7	11	21	32
355	400						−114	−208	−294	−435	−530	−660	−820	−1000	−1300	−1650	−2100						
400	450	−40+Δ	0			−68	−126	−232	−330	−490	−595	−740	−920	−1100	−1450	−1850	−2400	5	5	7	13	23	34
450	500						−132	−252	−360	−540	−660	−820	−1000	−1250	−1600	−2100	−2600						

第 2 章 孔与轴的极限与配合

续表

公称尺寸		基本偏差数值，上极限偏差															Δ值标准公差等级						
		≤IT8	>IT8	≤IT7	>IT7 的标准公差等级																		
大于	至	N[a,b]		P~ZC	P	R	S	T	U	V	X	Y	Z	ZA	ZB	ZC	IT3	IT4	IT5	IT6	IT7	IT8
500	560	−44		在>IT7的标准公差等级的基本偏差数值上增加一个Δ值	−78	−150	−280	−400	−600													
560	630	−44			−78	−155	−310	−450	−660													
630	710	−50			−88	−175	−340	−500	−740													
710	800	−50			−88	−185	−380	−560	−840													
800	900	−56			−100	−210	−430	−620	−940													
900	1000	−56			−100	−220	−470	−680	−1050													
1000	1120	−66			−120	−250	−520	−780	−1150													
1120	1250	−66			−120	−260	−580	−840	−1300													
1250	1400	−78			−140	−300	−640	−960	−1450													
1400	1600	−78			−140	−330	−720	−1050	−1600													
1600	1800	−92			−170	−370	−820	−1200	−1850													
1800	2000	−92			−170	−400	−920	−1350	−2000													
2000	2240	−110			−195	−440	−1000	−1500	−2300													
2240	2500	−110			−195	−460	−1100	−1650	−2500													
2500	2800	−135			−240	−550	−1250	−1900	−2900													
2800	3150	−135			−240	−580	−1400	−2100	−3200													

注：a. 为确定 N 和 P~ZC 的值，需参考最新国标规定。b. 公称尺寸≤1 mm 时，不使用标准公差等级>IT8 的基本偏差 N。

公差带图如图 2-16 所示。

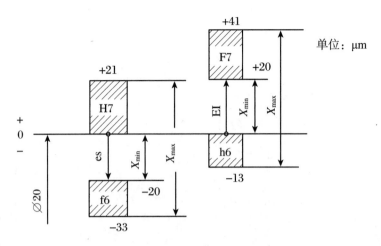

图 2-16 孔、轴配合的公差带图

例 2-8 确定 $\varnothing 20\text{H}8/\text{p}8$、$\varnothing 20\text{P}8/\text{h}8$ 孔与轴的极限偏差,并画出公差带图。

解 查表 2-4 可知标准公差:IT8 = 33 μm。

轴 p 的基本偏差为下极限偏差 ei,查表 2-7 可知轴的基本偏差:ei = + 22 μm,轴 p 的上极限偏差为

$$es = ei + IT8 = + 22 + 33 = + 55(\mu m)$$

孔 H8 的基本偏差为下极限偏差 EI,查表 2-8 可知:EI = 0 μm,孔 H8 的上极限偏差为

$$ES = EI + IT8 = 0 + 33 = + 33(\mu m)$$

孔 P8 的基本偏差为上极限偏差 ES,查表 2-9 可知:ES = − 22 μm,孔 P8 的下极限偏差为

$$EI = ES - IT8 = - 22 - 33 = - 55(\mu m)$$

轴 h8 的基本偏差为上极限偏差 es,查表 2-6 可知轴的基本偏差:es = 0 μm,轴 h8 的下极限偏差为

$$ei = es - IT8 = 0 - 33 = - 33(\mu m)$$

综上可知:

$$\varnothing 20\text{H}8 \begin{pmatrix} + 0.033 \\ 0 \end{pmatrix}; \quad \varnothing 20\text{p}8 \begin{pmatrix} + 0.055 \\ + 0.022 \end{pmatrix}$$

$$\varnothing 20\text{P}8 \begin{pmatrix} - 0.022 \\ - 0.055 \end{pmatrix}; \quad \varnothing 20\text{h}8 \begin{pmatrix} 0 \\ - 0.033 \end{pmatrix}$$

公差带图如图 2-17 所示。

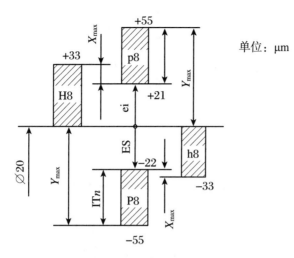

图 2-17 孔、轴配合的公差带图

例 2-9 确定 $\varnothing 20\text{H}7/\text{p}6$、$\varnothing 20\text{P}7/\text{h}6$ 孔与轴的极限偏差，并画出公差带图。

解 查表 2-4 可知标准公差：IT7 = 21 μm，IT6 = 13 μm。

轴 h6 的基本偏差为上极限偏差 es，查表 2-6 可知轴的基本偏差：es = 0 μm，轴 h6 的下极限偏差为

$$ei = es - IT6 = 0 - 13 = -13(\mu m)$$

孔 H7 的基本偏差为下极限偏差 EI，查表 2-8 可知：EI = 0 μm，孔 H7 的上极限偏差为

$$ES = EI + IT7 = 0 + 21 = +21(\mu m)$$

轴 p6 的基本偏差为下极限偏差 ei，查表 2-7 可知：ei = 22 μm，轴 p6 的上极限偏差为

$$es = ei + IT6 = +22 + 13 = +35(\mu m)$$

孔 P7 的基本偏差为上偏差 ES，查表 2-9 可知：$\Delta = 8$ μm，孔 P7 的极限偏差为

$$ES = -22 + 8 = -14(\mu m)$$
$$EI = ES - IT7 = -14 - 21 = -35(\mu m)$$

综上可知：

$$\varnothing 20\text{H}7 \begin{pmatrix} +0.021 \\ 0 \end{pmatrix}; \quad \varnothing 20\text{p}6 \begin{pmatrix} +0.035 \\ +0.022 \end{pmatrix}$$

$$\varnothing 20\text{P}7 \begin{pmatrix} -0.014 \\ -0.035 \end{pmatrix}; \quad \varnothing 20\text{h}6 \begin{pmatrix} 0 \\ -0.013 \end{pmatrix}$$

公差带图如图 2-18 所示。

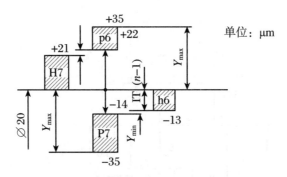

图 2-18　孔、轴配合的公差带图

2.4　国家标准规定的公差带与配合

2.4.1　极限与配合在图样上的标注

1. 公差带代号及其标注

公差带代号是将孔、轴的基本偏差代号与标准公差等级代号组合而成的，即公差带代号＝基本偏差代号＋公差等级代号。例如，孔的公差带代号由大写的拉丁字母与字母后的表示公差等级的数字组成，如 H8、F6、D9 等；轴的公差带代号由小写的拉丁字母与字母后的表示公差等级的数字组成，如 h7、f5、e8 等。

在零件图上，尺寸公差的标注形式有三种方法，第一种方法是在图上标注公称尺寸和极限偏差的数值；第二种方法是标注公称尺寸和公差带代号；第三种方法是既标注公称尺寸和公差带代号，又在括号内标注极限偏差的数值。零件图上的两种标注方法如图 2-19 所示。

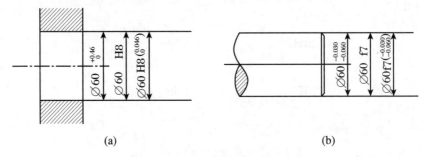

图 2-19　极限与配合在图样上的标注方法

2. 配合代号及其标注

配合的代号由相互配合的孔、轴公差带代号以分数形式组成，孔公差带代号为分子，轴公差带代号为分母,如 H7/g6、H7/h6、F8/h7、D9/h9 等。

在装配图上,主要是应当标注公称尺寸的大小和孔与轴的配合代号,以表明设计者对配合性质及使用功能的要求,如⌀25H8/p8、⌀25H7/p6、⌀25P7/h6。尺寸公差的标注形式也有三种方法,第一种方法是在装配图上标注公称尺寸和以分数形式表示的孔、轴的基本偏差代号与公差等级配合的代号;第二种方法是标注公称尺寸和配合极限偏差的数值;第三种方法是既标注公称尺寸和孔、轴公差带代号,又在括号内标注极限偏差的数值,如图 2-20 所示。

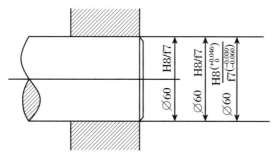

图 2-20　配合代号及其标注

2.4.2　优先选用的公差带与配合

国家标准规定了 20 个标准公差等级和 28 种基本偏差,这 28 种基本偏差中,j 仅保留 j5、j6、j7、j8;J 仅保留 J6、J7、J8。由此得到轴公差带可以有 $(28-1) \times 20 + 4 = 544$ 种,孔公差带可以有 $(28-1) \times 20 + 3 = 543$ 种。这些孔、轴公差带又可以组成数目更多的配合。若这些孔、轴公差带和配合都应用,显然是不经济的。为了获得最佳的技术经济效益,避免定值刀具、光滑极限量规以及工艺装备的品种和规格的不必要的繁杂,就有必要对公差带的选择加以限制,并选用适当的孔与轴公差带以组成配合。为此,GB/T 1800.1—2020 对孔和轴分别规定了常用公差带和优先、常用配合。

1. 孔、轴优先选用的公差带

GB/T 1800.1—2020 规定,公差带代号应尽可能从图 2-21 和图 2-22 分别给出的孔和轴相应的公差带代号中选取,方框标示的公差带代号应优先选取。

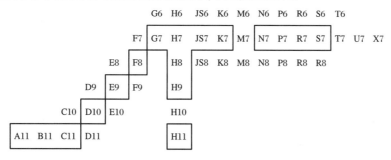

图 2-21　孔公差带代号

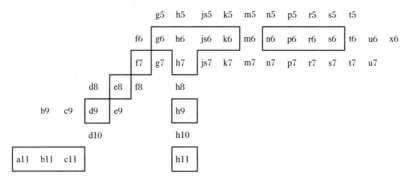

图 2-22 轴公差带代号

2. 孔、轴优先选用的配合

对于通常的工程目的，只需要许多可能的配合中的少数配合即可，GB/T 1800.1—2020规定了可满足普通工程机构需要的配合，如表 2-10、表 2-11 所示。基于经济因素，如有可能，配合应优先选择表中用倒三角形标识的公差带代号，见表 2-10 和表 2-11。

表 2-10　基孔制优先、常用配合

基准孔	轴														
	b	c	d	e	f	g	h	js	k	m	n	p	r	s	t	u	x
	间隙配合							过渡配合				过盈配合					
H6						$\frac{H6}{g5}$	$\frac{H6}{h5}$	$\frac{H6}{js5}$	$\frac{H6}{k5}$	$\frac{H6}{m5}$	$\frac{H6}{n5}$	$\frac{H6}{p5}$					
H7					▼ $\frac{H7}{f6}$	▼ $\frac{H7}{g6}$	▼ $\frac{H7}{h6}$	$\frac{H7}{js6}$	▼ $\frac{H7}{k6}$	$\frac{H7}{m6}$	▼ $\frac{H6}{n6}$	▼ $\frac{H7}{p6}$	▼ $\frac{H7}{r6}$	▼ $\frac{H7}{s6}$	$\frac{H7}{t6}$	$\frac{H7}{u6}$	$\frac{H7}{x6}$
H8				$\frac{H8}{e7}$	▼ $\frac{H8}{f7}$		$\frac{H8}{h7}$	$\frac{H8}{js7}$	$\frac{H8}{k7}$	$\frac{H8}{m7}$				$\frac{H7}{s7}$		$\frac{H7}{u7}$	
			$\frac{H8}{d8}$	$\frac{H8}{e8}$	▼ $\frac{H8}{f8}$		$\frac{H8}{h8}$										
H9			$\frac{H9}{d8}$	▼ $\frac{H9}{e8}$	$\frac{H9}{f8}$		$\frac{H9}{h9}$										
H10			▼ $\frac{H10}{d9}$	$\frac{H10}{e9}$			$\frac{H10}{h10}$										
	$\frac{H10}{b9}$	$\frac{H10}{c9}$															
H11	▼ $\frac{H11}{b11}$	▼ $\frac{H11}{c11}$	$\frac{H11}{d10}$														

在精度设计时，应该按照优先、常用和一般用途公差带的顺序选用，组成所要求的配合。

当一般公差带不能满足要求时,允许由标准公差和基本偏差组成所需的公差带与配合。对于基本尺寸>500~3150 mm 的,国家标准规定了 44 种常用的孔公差带、38 种常用的轴公差带,没有推荐配合。

表 2-11 基轴制优先、常用配合

基准轴	孔															
	B	C	D	E	F	G	H	JS	K	M	N	P	R	S	T	U	X
	间隙配合							过渡配合				过盈配合					
h5						$\frac{h5}{G6}$	$\frac{h5}{H6}$	$\frac{h5}{JS6}$	$\frac{h5}{K6}$	$\frac{h5}{M6}$	$\frac{h5}{N6}$	$\frac{h5}{P6}$					
h6					$\frac{h6}{F7}$	▼$\frac{h6}{G7}$	▼$\frac{h6}{H7}$	▼$\frac{h6}{JS7}$	▼$\frac{h6}{K7}$	▼$\frac{h6}{M7}$	▼$\frac{h6}{N7}$	▼$\frac{h6}{P7}$	▼$\frac{h6}{R7}$	▼$\frac{h6}{S7}$	$\frac{h6}{T7}$	$\frac{h6}{U7}$	$\frac{h6}{X7}$
h7				$\frac{h7}{E8}$	▼$\frac{h7}{F8}$		▼$\frac{h7}{H8}$										
h8			$\frac{h8}{D9}$	$\frac{h8}{E9}$	▼$\frac{h8}{F9}$		▼$\frac{h8}{H9}$										
h9				$\frac{h9}{E8}$	▼$\frac{h9}{F8}$		▼$\frac{h9}{H8}$										
h9			$\frac{h9}{D9}$	▼$\frac{h9}{E9}$	▼$\frac{h9}{F9}$		▼$\frac{h9}{H9}$										
h9	▼$\frac{h9}{B11}$	$\frac{h9}{C10}$	▼$\frac{h9}{D10}$				$\frac{h9}{H10}$										

2.5 未注尺寸公差

未注尺寸公差是指在车间普通工艺条件下,机床设备一般加工能力可保证的公差,它包括线性和角度的尺寸公差。在正常车间精度保证的条件下,一般可不检验。线性尺寸的未注公差主要用于较低精度的非配合尺寸。未注尺寸公差是图纸上没有标注公差等级或公差带尺寸的允许公差,但是这个尺寸也不是任意的,它受一个默认精度的控制,其公差的取值范围一般根据零件的生产工艺确定。

应用未注尺寸公差的优点:简化制图,使图样清晰易读;节省图样设计时间,设计人员熟悉未注尺寸公差的有关规定并加以应用,不必考虑其公差值;突出图样上标注的公差,在加工和检验时引起足够的重视。

未注尺寸公差规定了四个公差等级:f(精密级)、m(中等级)、c(粗糙级)和v(最粗级),相当于IT12、IT14、IT16和IT17。未注公差线性尺寸的极限偏差数值见表2-12,倒圆半径和倒角高度尺寸的极限偏差数值见表2-13,角度的极限偏差数值见表2-14。零件图上不必注出上述数值,在零件图的技术要求或技术文件中,用标准号和公差等级代号表示。

表 2-12 线性尺寸的极限偏差数值

(单位:mm)

公差等级	尺 寸 分 段							
	0.5~3	>3~6	>6~30	>30~120	>120~400	>400~1000	>1000~2000	>2000~4000
f(精密级)	±0.05	±0.05	±0.1	±0.15	±0.2	±0.3	±0.5	—
m(中等级)	±0.1	±0.1	±0.2	±0.3	±0.5	±0.8	±1.2	±2
c(粗糙级)	±0.2	±0.3	±0.5	±0.8	±1.2	±2	±3	±4
v(最粗级)	—	±0.5	±1.5	±1.5	±2.5	±4	±6	±8

表 2-13 倒圆半径和倒角高度尺寸的极限偏差数值(GB/T 1804—2000)

(单位:mm)

公差等级	尺 寸 分 段			
	0.5~3	>3~6	>6~30	>30
f(精密级)	±0.2	±0.5	±1	±2
m(中等级)				
c(粗糙级)	±0.4	±1	±2	±4
v(最粗级)				

注:倒圆半径与倒角高度的含义见 GB 6403.4(零件倒圆与倒角)

表 2-14 角度尺寸的极限偏差数值

(单位:mm)

公差等级	长 度				
	≤10	>10~50	>60~120	>120~400	>400
m(中等级)	±1°	±30′	±20′	±20′	±5′
c(粗糙级)	±1°30′	±1°	±30′	±30′	±10′
v(最粗级)	±3°	±2°	±1°	±1°	±20′

2.6 公差与配合的选用

尺寸公差与配合的选择是机械设计与制造中的一个重要环节。公差与配合的选择是否恰当,对产品的性能、质量、互换性与经济性都有着重要的影响。选择的原则是应使机械产品的综合经济效果最佳。尺寸公差与配合的选择主要包括配合制、公差等级及配合种类。

2.6.1 基准制的选用

基孔制和基轴制是两种平行的配合制。基孔制配合能满足要求的,用同一偏差代号按基轴制形成的配合,也能满足使用要求,如 H7/k6 与 K7/h6 配合性质基本相同,称为同名配合。基准制的选用与使用要求无关,主要根据加工工艺、结构及经济性来选择。

(1) 一般情况下,应优先选用基孔制。加工孔比加工轴要困难些,而且所用的刀、量具尺寸规格也多些。采用基孔制,可大大缩减定值刀具、量具的规格和数量。只有在具有明显经济效果的情况下,如用冷拔钢作轴,不必对轴加工,或在同一基本尺寸的轴上要装配几个不同配合的零件时,才采用基轴制。

(2) 与标准件配合时,基准制的选择通常依标准件而定。例如,与滚动轴承内圈配合的轴应按基孔制,与滚动轴承外圈配合的孔应按基轴制。

(3) 加工尺寸小于 1 mm 的精密轴比同级孔要困难,因此在仪器制造、钟表生产、无线电工程中,常使用经光轧成型的钢丝直接作轴,这时采用基轴制较经济;根据结构上的需要,在同一基本尺寸的轴上装配有不同配合要求的几个孔件时,也应采用基轴制。

2.6.2 公差等级的选用

零件制造精度的确定,与其加工难易程度、加工成本以及零件的工作质量有关。公差等级越高,合格尺寸的大小越趋一致,配合精度就越高,但加工的成本也越高。因此,公差等级选用的基本原则就是在保证产品质量条件下,尽可能选择较低的精度等级。

(1) 应遵循工艺等价的原则,即相互结合的零件,其加工难易程度应基本相当。

尺寸≤500 mm,公差等级≤IT8 时,推荐孔比轴低一级,例如 H8/m7、K7/h6 等;尺寸≤500 mm,公差等级>IT8 时,推荐孔与轴同级,例如 H9/h9、D9/h9 等;尺寸>500 mm,一般采用孔、轴同级配合。

(2) 相配合的零部件精度应相匹配。

与齿轮孔相配合的轴的精度受齿轮精度制约,与滚动轴承相配合的外壳孔和轴的精度应与滚动轴承精度相匹配。过盈、过渡和较紧的间隙配合,精度等级不能太低,一般孔≤

IT8,轴≤IT7;非基准制的配合中,当配合精度要求不高时,为降低成本,允许配合零件公差等级相差 2~3 级。

国家标准推荐的公差等级的应用范围如下:

IT01、IT0、IT1 级:一般用于高精度量块和其他精密尺寸标准块的公差。

IT2~IT5 级:用于特别精密零件的配合及精密量规。

IT5~IT12 级:用于配合尺寸公差。

IT6(孔到 IT7)级:用于要求精密配合的情况。

IT7~IT8 级:用于一般精度要求的配合。

IT9~IT10 级:常用于一般要求的地方,或精度要求较高的槽宽的配合。

IT11~IT12 级:用于不重要的配合。

IT12~IT18 级:用于未注尺寸公差的尺寸精度。

2.6.3 配合种类的选用

首先可以根据零件的使用要求,确定配合类型,若要求传递足够大的扭矩,且不要求拆卸时,应选过盈配合;若要传递扭矩,在要求能够拆卸的情形下应选过渡配合;当对同轴度要求不高,只追求装配方便时,则应选间隙配合。在确定了基准制的基础上,可以根据使用中允许间隙或过盈的大小及变化范围,选定非基准件的基本偏差代号,有的配合需要同时确定基准件与非基准件的公差等级。选择配合时还应考虑载荷的大小、配合的装拆、配合件的长度、配合件的材料、温度的影响、工作条件等。选用配合的方法主要有计算法、试验法和类比法等。若两工件结合面间的过盈或间隙量确定,可以通过计算并查表选定其配合。

采用计算法确定配合的步骤是:

(1) 首先确定基准制。

(2) 根据极限间隙(或极限过盈)计算配合公差。

(3) 根据配合公差查表选取孔、轴的公差等级。

(4) 按公式计算基本偏差值。

(5) 查表确定基本偏差代号。

(6) 校核计算结果。

例 2-10 设有基本尺寸为 30 mm 的孔、轴配合,要求保证间隙在 +20~+76 μm 之间,试从国家标准中确定孔、轴的公差带与配合的代号。希望采用基孔制。

解 (1) 选择基准制。按要求选择基孔制,孔的基本偏差代号为 H,EI = 0。

(2) 确定公差等级。

$$T_f = T_D + T_d = |X_{max} - X_{min}| \leqslant |76 - 20| = 56(\mu m)$$

假设孔、轴同级:

$$T_D = T_d = T_f/2 = 28(\mu m)$$

查表 2-4,可知孔、轴公差等级介于 IT7 和 IT8 之间:IT7 = 21 μm,IT8 = 33 μm。

根据工艺等价原则,在 IT8 和 IT7 公差等级范围内,孔应比轴低一级。故孔取 IT8,轴取 IT7,此时 $T_f = 21 + 33 = 54 < 56(\mu m)$,满足使用要求。

(3) 选择配合种类。

基孔制,孔为 H8,EI = 0,ES = EI + T_D = 0.033(mm),即 $\varnothing 30H8(^{+0.033}_{0})$。

(4) 确定与基准孔配合的轴的基本偏差。

由于为间隙配合,轴的基本偏差为 es。由 X_{min} = EI − es ≥ 0.020 mm,得

$$es = EI - X_{min} \leq 0 - 0.020 \leq -0.020(mm)$$

查表 2-6、表 2-10 得:轴的基本偏差代号为 f,es = −0.020 mm,ei = es − T_d = −0.020 − 0.021 = −0.041 (mm),即 $\varnothing 30f7(^{-0.020}_{-0.041})$。配合为 $\varnothing 30H8/f7$。

(5) 验算:

$$X_{max} = ES - ei = 0.041 + 0.033 = 0.074 \leq 0.076(mm)$$

$$X_{min} = EI - es = 0 + 0.020 = 0.020 \geq 0.020(mm)$$

满足要求。

习 题

2-1 什么是尺寸公差和公差带图?

2-2 什么是基孔制配合?

2-3 什么是基轴制配合?

2-4 公差带的两个特征参数是什么?

2-5 简述基准制的选用原则。

2-6 设某配合的孔径为 $\varnothing 45^{+0.142}_{+0.080}$,轴径为 $\varnothing 45^{0}_{-0.039}$,试分别计算其极限间隙(或过盈)及配合公差,画出其尺寸公差带图及配合公差带图,并说明其配合采用的是基孔制还是基轴制以及配合的类型。

2-7 查表并求出 $\varnothing 40F7/h6$ 中轴和孔的极限偏差、公差、极限间隙或过盈,说明配合性质,画出尺寸公差带图。

第 3 章 测量技术基础

测量技术作为一项精密的科学手段,涉及对产品尺寸、形状、位置等关键特性的准确测量和验证。这一技术在工业制造、质量控制、科学研究等多个领域扮演着至关重要的角色。

在工业制造业,测量技术被广泛应用于检测零部件的尺寸精度、表面质量等关键指标,确保每一件产品都能严格符合设计规范和功能要求。在质量控制环节,测量技术用于监测生产过程中的关键参数,以便及时发现任何偏差,并采取相应的调整措施,从而保证产品质量的稳定性和可靠性。在科学研究领域,测量技术则成为实验数据收集与分析的基础,为科学家提供准确的数据支持,以验证理论假设和推动科学发展。

通过应用高精度的测量技术,不仅能够提高产品的精确度、稳定性和可靠性,还能显著提升生产效率,降低生产成本,更好地满足市场的需求。更为重要的是,测量技术为互换性的实现提供了坚实的技术支撑,确保了不同设备或工具之间的互换使用不会导致产品质量和性能的损失。

互换性是不同设备或工具之间能够相互替代或交换使用的能力,是现代工业设计中的一项关键概念。这种互操作性要求精确的测量技术作为基础,以确保设备或工具在交换过程中能够保持高度的一致性和兼容性。测量技术的应用对于实现设备和工具的互换性,以及维持产品质量和性能的一致性,具有不可估量的价值。

3.1 测量技术基础知识

3.1.1 测量的基本概念

测量的基本概念是使用数据来对观察到的现象进行量化描述的过程。在机械工程中,这涉及将被测量的物理量与具有计量单位的标准量进行比较,以确定二者之间的比值。

假设 L 为被测量值,E 为所需要的被测量单位,则计算公式可以表示为

$$q = \frac{L}{E} \tag{3-1}$$

这个公式的物理意义说明,在被测量值一定的情况下,比值 q 的大小完全决定于所采用的计量单位 E,而且是成反比关系。同时它也说明计量单位的选择决定于被测量值所要求的准

确程度,这样经比较而得到的被测量值为

$$L = qE \tag{3-2}$$

由上式可知,任何一个测量过程都由两部分组成,被测量对象和该几何量的计量单位,例如,4.35 m 或者 4350 mm。显然进行测量之前首先要明确被测对象和确定计量单位,这样才能保证测量的结果达到所要求的测量精度。

任何一个完整的测量过程都包含四个要素:被测对象、计量单位、测量方法和测量精度,被称为测量四要素。

被测对象 被测对象是测量活动中的主要焦点,它指的是需要被量化或评估的具体物理量或现象。被测对象的性质、状态和环境因素都需要考虑在内,因为这些因素可能影响测量结果的准确性。例如,在测量一个物体的长度时,该物体的温度、压力和放置方式都可能影响测量结果。

计量单位 计量单位提供了一种标准化的方法来表达被测量的数值。它是测量结果的通用语言,使得不同时间、地点和人员之间的测量结果具有可比性。选择合适的计量单位对于确保测量结果的准确传达至关重要。例如,在国际单位制(SI)中,长度的基本单位是米(m),但在不同的应用场景中,可能需要使用毫米(mm)、微米(μm)等更小的单位。

测量方法 测量方法是实现准确测量的技术手段和程序。它包括选择适当的测量工具、设备和技术,以及定义清晰的操作步骤。正确的测量方法能够最大限度地减少误差,提高测量的准确性和可重复性。例如,使用数字卡尺而不是传统的游标卡尺可以提供更高的精度,也更容易读数。

测量精度 测量精度描述了测量结果与真实值之间的一致性。高精度的测量意味着测量结果非常接近真实值。测量精度可以通过多种方式来提高,包括使用高精度的设备、控制环境条件、采用统计分析方法以及进行多次测量以减少随机误差。

综上所述,这四个要素——被测对象、计量单位、测量方法和测量精度是任何测量活动的核心组成部分。它们相互关联,共同决定了测量过程的成功与否。在进行测量时,必须综合考虑这些要素,并采取适当的措施来确保测量结果的准确性和可靠性。

产品测量在制造业和质量控制领域中具有极高的重要性,因为它可以确保产品满足设计规格和客户要求。以下是测量产品的一般过程通常涉及的步骤:

(1) 测量过程的策划:这是测量前的准备工作,包括确定测量的目的、选择合适的测量方法和工具。

(2) 识别和设计测量过程:需要明确测量过程中的关键要素,如测量点、测量频率和数据记录方式。

(3) 确定测量过程的规范:这包括制定操作标准和程序,确保测量活动的一致性和可重复性。

(4) 测定测量不确定度:评估测量结果的准确性和可靠性,包括对可能的误差源进行分析和量化。

(5) 实施和控制测量过程:在受控条件下进行测量,确保影响量得到妥善管理,以获得准确的测量结果。

（6）转化计量要求：将识别出的要求转化为具体的计量要求，以便进行精确测量。

（7）定性检验与定量测试：根据需要选择定性检验（判断合格与否）或定量测试（获取具体量值）的方法。

（8）使用测量系统：利用适当的测量系统，如卡尺、量块等，来获取测量结果。

（9）产品检测：对产品进行尺寸、强度、化学成分等方面的检测，以确保其满足设计要求。

（10）记录和分析数据：记录测量数据，进行分析以判断产品是否符合预定的质量标准。

（11）反馈和改进：根据测量结果进行反馈，必要时对生产过程或测量过程进行调整，以持续改进产品质量。

3.1.2 测量基准

在生产科学和测量技术中，确立统一的技术基准是至关重要的。这些基准为各种测量活动提供了共同的起点和参照标准，确保了不同时间、地点、设备和人员之间的测量结果具有可比性和一致性，在测量中起到了确定、比较和校准的作用，是确保测量结果准确可靠的重要依据。以下是几何量计量领域内常见的测量基准类型及其作用：

1. 长度基准

长度基准是确保测量精确性和实现互换性的基础性标准，它对于确保测量的精确性和实现不同制造产品间的互换性至关重要。长度基准的确立对于科学、工业和日常生活中的测量活动至关重要。在我国，长度基准的单位是米（m），这是一个国际上广泛认可的计量单位。米的定义具有严密的科学基础，并与光速紧密相关，具体来说，1 米是光在真空中 1/299792458 秒的时间间隔内所行进的路程长度。这个定义基于物理定律，因此不受地点、时间或环境变化的影响，保证了极高的稳定性和可靠性。在实际应用中，长度基准通过一系列高精度的测量工具和方法来传递，例如，使用干涉仪、测长机等设备进行测量和校准线性尺寸。这些设备能够以极高的精度测量长度，确保工程图纸上的尺寸标注能够准确反映到实际加工的零件上。

综上所述，长度基准是科学研究和工程技术的基础，它保障了产品制造的质量和精度，确保机械部件和结构的尺寸符合设计要求，从而保证其功能和性能。

2. 角度基准

角度基准在测量学中扮演着关键角色，它不仅涉及角度的量测和规格定义，而且对于确保精确度量和维持高质量控制至关重要。角度基准基本上是用于角度测量的一个标准参照，区别于长度单位，角度通常以度（°）、分（′）和秒（″）来表达，这些单位都基于圆周角的分割，即一个完整的圆周角被定义为 360 度。这些角度单位之间的转换关系非常明确，因此在进行实际测量时不需要一个自然存在的角度基准。在各个行业中，角度基准的应用十分广泛，比如在机械工程领域，它被用来核实零件是否满足设计上对倾斜度、平行度和垂直度的要求，这对机械的正确安装和功能运作至关重要；在建筑行业，角度基准用于保障建筑结构的准确性,例如,墙面是否垂直或屋顶坡度是否正确;而在光学和电子行业,它则对光线或电子束的正确转向和聚焦至关重要。总的来说,角度基准能够确保测量结果的一致性和准确性,这对于产品的质量保证、生产效率的提升以及安全标准的满足是必不可少的。

3. 平面基准

平面基准在测量学中是设定平面几何特性如平面度和平行度的关键参照。相应的基准工具,包括平面度标准件和平行度块等,被用于评估物体表面与理想平面之间的差异以及两个平面之间的对齐程度。平面基准确保了机械部件的表面平整度和平行度符合设计要求,这对于产品的顺利装配和性能发挥至关重要。在具体测量应用中,利用平面基准检验零件的平面度和平行度,可以确保零件正确安装,减少不必要的摩擦和磨损,延长零件寿命并提升其性能。选择合适的平面基准并妥善使用,对于确保产品装配精度、运行稳定性和功能表现非常关键。

4. 圆柱度基准

在测量学中,圆柱度基准是用于评估和确保旋转部件的轴线直线度与轴面圆度的精确工具和标准。这些基准通常体现在如圆柱度量规和环形度量规等设备上,它们帮助量化实际轴向表面与理想圆柱形状之间的偏差。通过使用圆柱度基准,可以校验机械零件的轴线直线度和轴面圆度,确保旋转元件能够准确对中并保持平稳运转,从而降低振动和磨耗,提升零件耐久性和性能表现。正确选择和使用圆柱度基准对于产品的旋转精度、运行稳定性及其整体功能性具有决定性影响。

3.1.3 测量技术的常用术语

度量指标是表征测量器具性能和功能的参数,测量中常用的术语如下:

1. 刻度间距

刻度间距是度量仪器上用于表示两个相邻刻度之间距离的参数,通常这个距离是恒定的。在设计度量仪器时,刻度间距需要适中以便于人眼观察和准确读取。刻度间距的数学表达为两相邻刻度线中心点之间的距离,如果考虑圆弧形的刻度盘,则这个距离是指沿刻度盘弧长的间隔。

由于刻度间距需要适应人眼的分辨能力,因此其取值范围通常建议在 0.75~2.5 mm 之间。这样的间距既可以确保读数的准确性,也便于操作者快速识别和测量。

2. 分度值

分度值,也称为刻度值,是衡量计量器具精度的重要参数之一。它指的是计量器具上最小刻度间隔所代表的被测量的实际数值大小。换句话说,分度值定义了度量工具能够区分的最小变化量。分度值越小,表示该计量器具的精度越高,能够进行更精细的测量。然而,在实际应用中,选择分度值也需要考虑到实际测量需求和操作者的能力,因为过小的分度值可能会造成读数困难或增加测量误差。常用的分度值一般有 0.1 mm、0.05 mm、0.02 mm、0.01 mm、0.002 mm 和 0.001 mm。

3. 分辨率

分辨率是度量仪器能够区分的最小变化量的指标,它描述了刻度划分的精细程度,在测量领域中,是指检测仪表能够精确检测出被测量的最小变化的能力。这个术语通常用于描述各种显示、图像、打印和扫描设备的精度。

4. 标尺范围

标尺范围指的是测量仪器能够测量的最小值和最大值之间的区间。标尺范围定义了仪器的可用性和限制。如果尝试测量超出标尺范围的值,仪器将无法提供准确的读数,或者可能会损坏。因此,在选择测量工具时,必须确保其标尺范围适合预期的测量任务。

5. 测量范围

测量范围,也称为工作范围,是指测量仪器的误差处于规定的极限范围内的被测量的示值范围。

6. 示值范围

示值范围,又称指示范围,是指测量仪器或计量器具在其显示器或标尺上能够显示的最小值和最大值之间的区间,这个范围表明了测量设备能够提供读数的最小和最大极限。与标尺范围相似,示值范围定义了仪器能够准确指示的数值区间。然而,不同于标尺范围的是,示值范围通常与被测量的实际单位无关,而是基于仪器自身的读数显示。例如,机械比较仪的示值范围是 ± 0.1 mm,在这个范围内,比较仪可以准确地指示出被测物与标准参照之间的差异。

7. 测量力

测量力是在接触式测量过程中,施加在测量仪器的感应元件与被测物体表面之间的压力,在进行精密测量时,测量力的大小对测量结果的准确性有重要影响。如果测量力过大,它可能会导致测量工具和被测物体发生不期望的弹性变形甚至塑性变形。这种变形会引起测量误差,从而影响测量结果的真实性。

8. 灵敏度和放大比

灵敏度是衡量测量仪器反应强度的指标,它描述了输入量(被测量)变化时输出量(测量值)的变化程度。在数学表达中,如果用 Δ_y 表示输出量的增量,用 Δ_x 表示输入量的增量,那么灵敏度 K 可以表示为

$$K = \frac{\Delta_y}{\Delta_x} \tag{3-3}$$

当 Δ_x 和 Δ_y 具有相同的量纲时,这个比值也被称作放大比。

9. 示值

测量仪器或系统提供的量值称为示值,这一值可以通过视觉或听觉形式表现,并能够被传递到其他设备。

10. 示值误差

测量仪器的示值误差是指其显示的数值与实际被测量的真值之间的差异,这种误差直接体现了测量仪器的准确性,也就是其显示结果接近真实值的能力。

对于显示式仪器:

$$\varphi = p_i - p_t \tag{3-4}$$

对于实物量具：

$$\varphi = p_n - p_t \tag{3-5}$$

式中，φ 为测量仪器的示值误差，p_i 为显示式仪器的示值，p_n 为实物量具所标出的值，p_t 为真值。

11. 修正值

修正值是一种数值，它通过与未经修正的测量结果相加的代数方法来补偿系统误差，其大小与示值误差相等但方向相反，相当于负的系统误差估计值。例如，如果实际测得的温度为 30.1 ℃，而对照计量标准的结果为 30 ℃，则可以确定系统误差的估计值为 +0.1 ℃，因此修正值应为 -0.1 ℃。

12. 最大允许误差

最大允许误差是指技术规范（如标准、检定规程）所规定的允许的误差极限值，有时也被称为测量仪器的允许误差限。

13. 鉴别力阈

鉴别力阈指的是在缓慢而单调的条件下，测量仪器能够检测到的最小激励变化量，即在未引起明显感知的情况下，仪器仍能响应的激励变化极限。这个阈值也被称作灵敏阈或灵敏限，反映了仪器的细微检测能力。

14. 测量不确定度

测量不确定度反映了由于测量误差导致的对被测量值不确定性的程度，同时也指示了测量结果的可靠性水平。不确定度作为衡量测量结果质量的一个指标，其数值越小，意味着测量结果越接近真值，代表测量质量和水平越高，相应的使用价值也越高；反之，不确定度越大，则表示测量结果的质量较低，水平和使用价值也相应降低。因此，在报告物理量测量结果时，总是需要提供相应的不确定度，这样做不仅便于他人判断结果的可靠性，还提高了不同测量结果之间的可比性。

15. 分辨力

测量仪器显示装置的分辨力定义为该装置能够区分的最小示值间隔。对于模拟式指示装置，通常认为其分辨力大约是标尺刻度间距的一半。而在数字式显示装置中，分辨力相当于最小变化一个最不显著位的数字时所对应的示值变化。

16. 稳定性

稳定性是指测量仪器保持其计量特性随时间恒定的能力。通常稳定性是指测量仪器的计量特性随时间不变化的能力。若稳定性不是对时间而言，而是对其他量而言，则应该明确说明。稳定性可以进行定量的表征，主要是确定计量特性随时间变化的关系。

17. 可靠性

可靠性是指计量器具在规定条件下和规定时间内完成规定功能的能力。可靠性不仅涉及测量结果的准确性，还包括了测量工具在特定条件和时间内的稳定性、一致性和可信度。

3.2 尺寸传递

长度的单位为米,米的定义为平面电磁波在真空中 1/299792458 秒(s)时间内所行进的距离。为了保证量值统一,需要把度量的基准和量值准确传递至生产中应用的计算器具和工件上去。例如,需要量值传递系统将米的定义传递到基准光波的波长,再传递到基准线纹尺和一等量块,然后再逐次传递到工件,以保证量值的准确一致,如图 3-1 所示。

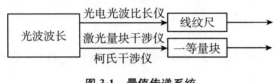

图 3-1 量值传递系统

3.2.1 量块及其传递系统

量块是一种标准测量工具,用于长度测量和校准其他测量设备。它主要用于检测和校正测量仪器、调整零点以及机床设置和工件检验等任务。量块通常是由金属或陶瓷制成的长方体、方柱或圆柱形状,具有高精度尺寸和平直度。由于其材料特性,量块稳定耐用,能够承受磨损。使用量块时,将其放置在仪器测量范围内,通过比较量块的已知尺寸和仪器读数来校验仪器精度。如果两者一致,说明仪器准确;如有偏差则需调校。量块的设计包括两个平行的测量面,其间距离定义为标称长度。根据不同的标称长度,量块的截面尺寸有所不同。图 3-2 为一常见的长方体量块,它有 2 个测量面和 4 个非测量面,两相互平行的测量面之间的距离即为量块的工作长度,称为标称长度(公称尺寸)。量块一般选用铬锰钢或线膨胀系数较小、性质稳定、耐磨和不易变形的其他材料制造。标称长度小于 10 mm 的量块截

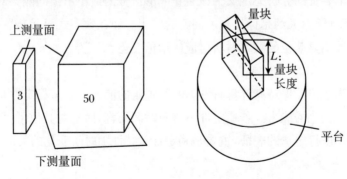

(a) 量块的名义尺寸　　(b) 量块及相研合的辅助体

图 3-2 量块

面尺寸为 30 mm×9 mm，而 10～1000 mm 的量块截面尺寸为 35 mm×9 mm。量块的标称长度会根据大小刻印在不同的位置上，小于 5.5 mm 的刻在上测量面上，大于 5.5 mm 的则刻在侧面。

量块长度是指量块上测量面上一点到与此量块下测量面相研合的辅助体（平晶）表面之间的垂直距离。量块长度变动量是指量块的最大量块长度与最小量块长度之差。根据《长度测量仪器检定系统（轨距块部分）》，量块按制造技术要求分为 K、0、1、2 和 3 五个等级，如表 3-1 所示。分级主要是根据量块长度极限偏差、量块长度变动量、测量面的平面度、测量面的粗糙度及量块的研合性等指标划分。

表 3-1 量块测量面上任意点的长度极限偏差 t_e 和长度变化量最大允许值 t_v

标称长度 l_n/mm	K 级		0 级		1 级		2 级		3 级	
	t_e	t_v	t_e	t_v	t_e	t_v	t_e	t_v	t_e	t_v
$l_n \leqslant 10$	±0.20	0.05	±0.12	0.10	±0.20	0.16	±0.45	0.30	±1.0	0.50
$10 < l_n \leqslant 25$	±0.30	0.05	±0.12	0.10	±0.30	0.16	±0.60	0.30	±1.2	0.50
$25 < l_n \leqslant 50$	±0.40	0.06	±0.20	0.10	±0.40	0.18	±0.80	0.30	±1.6	0.55
$50 < l_n \leqslant 75$	±0.50	0.06	±0.25	0.12	±0.50	0.18	±1.00	0.35	±2.0	0.55
$75 < l_n \leqslant 100$	±0.60	0.07	±0.30	0.12	±0.60	0.20	±1.20	0.35	±2.5	0.60
$100 < l_n \leqslant 150$	±0.80	0.08	±0.40	0.14	±0.80	0.20	±1.6	0.40	±3.0	0.65
$150 < l_n \leqslant 200$	±1.00	0.09	±0.50	0.16	±1.00	0.25	±2.0	0.40	±4.0	0.70
$200 < l_n \leqslant 250$	±1.20	0.10	±0.60	0.16	±1.20	0.25	±2.4	0.45	±5.0	0.75
$250 < l_n \leqslant 300$	±1.40	0.10	±0.70	0.18	±1.40	0.25	±2.8	0.50	±6.0	0.80
$300 < l_n \leqslant 400$	±1.80	0.12	±0.90	0.20	±1.80	0.30	±3.6	0.50	±7.0	0.90
$400 < l_n \leqslant 500$	±2.20	0.14	±1.10	0.25	±2.20	0.35	±4.4	0.60	±9.0	1.00
$500 < l_n \leqslant 600$	±2.60	0.16	±1.30	0.25	±2.60	0.40	±5.0	0.70	±11.0	1.10
$600 < l_n \leqslant 700$	±3.00	0.18	±1.50	0.30	±3.00	0.45	±6.0	0.70	±12.0	1.20
$700 < l_n \leqslant 800$	±3.40	0.20	±1.70	0.30	±3.40	0.50	±6.5	0.80	±14.0	1.30
$800 < l_n \leqslant 900$	±3.80	0.20	±1.90	0.35	±3.80	0.50	±7.5	0.90	±15.0	1.40
$900 < l_n \leqslant 1000$	±4.20	0.25	±2.00	0.40	±4.20	0.60	±8.0	1.00	±17.0	1.50

根据国家标准，量块按长度测量不确定度和长度变动量分为 5 等，即 1、2、3、4、5 等，其中 1 等精度最高，5 等精度最低。量块的量值是按长度量值传递系统进行传递的，即低一等的量块的检定，必须用高一等的量块作基准进行测量，按等使用量块时是用量块的实际尺寸，而不是量块的标称尺寸，因此应规定其测量不确定度。各等量块精度指标的最大允许值具体数值见表 3-2。

表 3-2　各等量块精度指标的最大允许值

标称长度 l_n/mm	1 等		2 等		3 等		4 等		5 等	
	测量不确定度	长度变动量	测量不确定度	长度变动量	测量不确定度	长度变动量	测量不确定度	长度变动量	测量不确定度	长度变动量
$l_n \leqslant 10$	0.022	0.05	0.06	0.10	0.11	0.16	0.22	0.30	0.60	0.50
$10 < l_n \leqslant 25$	0.025	0.05	0.07	0.10	0.12	0.16	0.25	0.30	0.60	0.50
$25 < l_n \leqslant 50$	0.030	0.06	0.08	0.10	0.15	0.18	0.30	0.30	0.80	0.55
$50 < l_n \leqslant 75$	0.035	0.06	0.09	0.12	0.18	0.18	0.35	0.35	0.90	0.55
$75 < l_n \leqslant 100$	0.040	0.07	0.10	0.12	0.20	0.20	0.40	0.35	1.00	0.60
$100 < l_n \leqslant 150$	0.05	0.08	0.12	0.14	0.25	0.20	0.50	0.40	1.20	0.65
$150 < l_n \leqslant 200$	0.06	0.09	0.15	0.16	0.30	0.25	0.60	0.40	1.50	0.70
$200 < l_n \leqslant 250$	0.07	0.10	0.18	0.16	0.35	0.25	0.70	0.45	1.80	0.75
$250 < l_n \leqslant 300$	0.08	0.10	0.20	0.18	0.40	0.25	0.80	0.50	2.00	0.80
$300 < l_n \leqslant 400$	0.10	0.12	0.25	0.20	0.50	0.30	1.00	0.50	2.50	0.90
$400 < l_n \leqslant 500$	0.12	0.14	0.30	0.25	0.60	0.35	1.20	0.60	3.00	1.00
$500 < l_n \leqslant 600$	0.14	0.16	0.35	0.25	0.70	0.40	1.40	0.70	3.50	1.10
$600 < l_n \leqslant 700$	0.16	0.18	0.40	0.30	0.80	0.45	1.60	0.70	4.00	1.20
$700 < l_n \leqslant 800$	0.18	0.20	0.45	0.30	0.90	0.50	1.80	0.80	4.50	1.30
$800 < l_n \leqslant 900$	0.20	0.20	0.50	0.35	1.00	0.50	2.00	0.90	5.00	1.40
$900 < l_n \leqslant 1000$	0.22	0.25	0.55	0.40	1.10	0.60	2.20	1.00	5.50	1.50

量块分等的主要指标与分级的主要指标的不同之处在于采用了"测量不确定度"这一概念,而非传统的长度极限偏差。测量不确定度是表征测量结果可信度的一个重要参数,它提供了对测量结果可能误差范围的估计。这个参数定量描述了测量结果的质量,即对测量值的可信区间进行了量化。

具体来说,测量不确定度是一个描述被测量值在一定置信水平下分散程度的参数,它并不直接说明测量结果是否接近真值。换句话说,一个具有较小测量不确定度的测量结果并不意味着该结果就更接近于真实值,而只是表明重复测量得到的结果会比较接近彼此。

在量块的分等中,使用测量不确定度作为关键指标意味着我们更关心的是量块作为标准所能够提供的一致和可靠的尺寸参考,而不仅仅是它的绝对尺寸精度。这种方法认可了即使是最高等级的量块也可能由于各种因素(如温度变化、磨损等)而与其标称尺寸存在偏差,但重要的是这些偏差必须在严格控制的不确定性范围内。因此,量块分等时考虑的是量块在多次测量下的一致性和稳定性,并通过对测量不确定度的要求来确保量块作为计量标准的可靠性。而在实际应用中,用户需要结合量块的标称尺寸和已知的测量不确定度来决定其适用性。

量块是单值量具,一个量块只代表一个尺寸,可以使用不同尺寸的量块组合成所需尺寸。量块是成套使用的,共有 17 种套别,量块数目分别为 91、83、46、38、10、8、6、5 等。以 83 块一套为例,其尺寸如下:

间隔 0.01 mm,从 1.01,1.02,⋯,到 1.49,共 49 块。

间隔 0.1 mm,从 1.5,1.6,⋯,到 1.9,共 5 块。

间隔 0.5 mm,从 2.0,2.5,⋯,到 9.5,共 16 块。

间隔 10 mm,从 10,20,⋯,到 100,共 10 块。

1.005 mm、1 mm、0.5 mm 各 1 块。

选用不同尺寸的量块组成所需尺寸时,为了减少量块的组合误差,应尽量减少使用量块的数目,一般不应超过 4 块。选用量块时,应从消去所需尺寸最小尾数开始,逐一选取。例如,从 83 块一套的量块中选取合适尺寸的量块,组合出尺寸 19.985 mm 的量块组,其步骤如下:

$$
\begin{array}{rl}
19.985 & \\
-1.005 & \text{第 1 块量块} \\
\hline
18.98 & \\
-1.48 & \text{第 2 块量块} \\
\hline
17.5 & \\
-7.5 & \text{第 3 块量块} \\
\hline
10 & \text{第 4 块量块}
\end{array}
$$

3.3 测量仪器与测量方法

3.3.1 测量器具的分类

测量器具,也被称为计量器具,是用于进行物理量测量的工具和设备,现在可用于互换性技术测量的仪器主要分为量具、量规、计量仪器和计量装置四类。

1. 量具

量具是指结构相对简单的测量工具,它们可以进一步分类为单值量具和多值量具,或者根据其结构特点进行分类。单值量具用于体现一个单一的量值,主要用途是校对和调整其他测量器具或作为标准量直接与被测量进行比较,例如量块和角度量块,这些器具的特点是精度高,适应于精确度要求极高的场合。另一方面,多值量具能体现一组同类量值,应用范围更广,可适应多种不同的测量场合,如一把带有多个刻度的尺子。而从结构特点来看,计量量具可以包括量块、砝码、标准电池、标准电阻、竹木直尺、线纹米尺等，各自在不同的应用场景中发挥作用，比如标准电池通常用于电压校准，线纹米尺则用于长度测量。

2. 量规

量规是一种专门用于检验工件尺寸或几何形状是否符合规定标准的精密测量工具。这些工具通常不带有刻度标记，而是依靠与被测物体的配合间隙、透光程度或者能否顺利通过被测件等特性来判断被测物体的尺寸是否满足要求。量规的设计简单而高效，常用于快速的合格性判断，特别是在生产线上对零件进行快速筛选和质量控制时非常有用。

3. 计量仪器

计量仪器，也称为测量仪器或计量器具，是用于进行物理量测量的工具或装置。这些仪器可以单独使用，或者与辅助设备组合使用以完成测量任务。计量仪器的核心功能是将待测的量值转换成可直接观察的示值或等效信息，使得用户能够准确读取和记录测量结果。根据工作原理和结构特征，计量仪器可以分为多种类型，包括机械式、电动式、光学式和气动式仪器，以及集成了光学、机械和电子技术的光机电一体化的现代化测量仪器。这些不同类型的计量仪器适用于各种测量场合，能够满足不同精度和测量范围的需求。

4. 计量装置

计量装置是专门设计用于检验的工具，它们具备快速检测更多且更复杂参数的能力，这一特点使得计量装置在自动测量和自动控制过程中发挥着重要作用。这些装置通常集成了多种传感器和执行机构，能够自动采集数据、进行分析判断并做出响应。典型的例子包括电能表计量装置，它用于精确测量和记录电能消耗；生产线检测设备，用于监控和保证产品质量；以及自动分选机，它可以依据设定的标准对产品进行分类和筛选。通过使用计量装置，可以大大提高生产效率、确保产品质量，并减少人工操作错误。

3.3.2 测量方法的分类

测量方法可以根据不同的标准和特点进行分类，主要包括以下几种形式：

1. 按照测量结果的获得方式可以分为直接测量和间接测量

直接测量法和间接测量法是两种常用的测量方法，它们各自适用于不同的测量场景。直接测量法能够直接获得所需的量值，这种方法使用精确程度较高的仪器直接得到测量结果，无需通过数学模型的计算，使得测量过程简单直接。例如，使用外径千分尺直接测量一个小钢球的直径，得到的读数就是直接测量的结果。这种方法通常用于那些可以直接观测或测量的物理量。间接测量法则是通过计算得到所需的量值。它将一个被测量转化为若干可直接测量的量加以测量，然后依据定义或已知的物理关系通过计算得到被测量的值。这种方法涉及更多的测量步骤和数据处理，通常用于那些无法直接测量的量或者需要提高测量精度的情况。例如，测量一个复杂形状的体积，可能需要先测量其长度、宽度和高度，然后利用体积公式计算出体积值。

2. 按零件被测参数的多少，分为综合测量和单项测量

综合测量和单项测量是两种不同的测量策略，它们各自适用于不同的生产和质量检测环境。单项测量是指对工件的每个参数独立进行测量,例如,在检测螺纹时,螺纹的中径、螺距、牙型半角等都是单独测量的。这种方法的优点是可以对每个参数的误差进行详细分析,从而便于进行工艺分析和质量控制。然而,单项测量的效率较低,因为需要分别对每个参数进行测量和评估,耗时较长。综合测量则是同时测量工件上的几个相关几何量,然后根据这些测量结果的综合判断工件是否合格。例如,在使用螺纹通规检验螺纹时,会同时考虑单一中径、螺距和牙型半角实际值的综合结果。这种方法的效率高,因为它只需要判断合格与否,而不需要得到每个参数的具体误差值,因此适用于大批量生产的情况。

3. 按被测零件的表面与测头是否有机械接触,分为接触测量与非接触测量

接触式和非接触式测量的主要差异在于测量时是否与被测物体的表面产生实体接触。接触式测量涉及使用测量设备的探针等直接触碰到目标物体的表面以直接读取尺寸信息。这种方法最大的优势是能够提供极高的测量精确度,因为它能直接在指定的点上进行非常精准的测量。但是,这种方式有可能会对柔软、薄弱或具有精细精度要求的工件造成损害或变形,并且由于需要逐个点位进行测量,所以速度相对较慢。与此相反,非接触式测量使用光学或其他类型的传感技术来收集数据,无需与被测物发生物理上的碰触。

4. 按测量技术在制造工艺中所起的作用,分为主动测量和被动测量

主动测量是在制造过程中实时进行的,而被动测量是在产品完成后进行的。主动测量和被动测量是两种不同的测量方式,它们在制造工艺中起着不同的作用。

主动测量通常是指在制造过程中实时进行的测量,它可以及时发现问题并进行调整,以保证产品质量。这种方法可以有效地减少废品率,提高生产效率。例如,在数控机床上使用测量工具对加工中的零件进行实时检测,以便及时调整机床参数,确保零件的尺寸和形状符合设计要求。

被动测量通常是在产品完成后进行的,它主要用于检验产品是否达到设计要求,以及是否存在缺陷。这种方法虽然不能实时纠正生产过程中的问题,但是对于质量控制和产品验收是非常重要的。例如,对成品进行最终检验,以确保它们满足所有规定的标准和规格。

3.4 传感器测量技术

3.4.1 传感器技术

1. 传感器的定义

根据中华人民共和国国家标准,传感器(transducer/sensor)的定义是:能感受规定的被测量并按照一定规律转换成可输出信号的器件或装置。其通常由敏感元件和转换元件组成。其中,敏感元件(sensing element)指传感器能直接感受的被测量的部分;转换器(transducer element)指传感器中能将敏感元件输出量转换为适用于传输和测量的电信号部分。

2. 传感器设计与选用需要考虑的问题

(1) 线性度

传感器的线性度是指传感器输出与输入之间的线性度。理想的输出-输入特性是线性的,线性范围越宽,传感器工作的量程越大,由此带来的非线性误差越小。

(2) 灵敏度

传感器的灵敏度是指传感器在稳态下输出量变化与相应的输入量变化之比。一般希望传感器灵敏度越高越好。

(3) 重复性和稳定性

传感器的重复性是指在测量条件不变的情况下,测量示值的一致性;稳定性是指经过一定时间的使用后,传感器的输出特性保持不变的特性与能力。

(4) 动态响应特性

传感器的动态响应特性是指传感器在测量动态信号时的输出特性。可从时域和频域两个方面研究其性能指标。在时域,希望测量的过渡过程尽快完成,即上升时间、响应时间、时间常数越小越好;在频域,希望传感器响应特性的频宽越宽越好,在响应范围内,一般无失真测试条件时,幅频特性平直,相频特性为一直线。

(5) 测量方式

传感器的测量方式在设计与选用时也是应注意的问题。被测量的条件、环境状况将决定测量方式。如旋转参量、高温高压下的有关参量、被测场不允许干扰的情况等。测量方式中采用接触测量或非接触测量、在线测量或非在线测量等,是要根据实际情况选定的。

3.4.2 传感器的分类

一种被测量可以用不同的传感器来测量,而同一原理的传感器通常又可测量多种非电量。为了更好地掌握和应用传感器,需要有一个科学的分类方法,如表3-3所示。

表3-3 传感器分类方法

分 类 法	型 式	说 明
按基本效应分类	物理型	采用物理效应进行转换
	化学型	采用化学效应进行转换
	生物型	采用生物效应进行转换
按构成原理分类	结构型	以转换元件结构参数的变化实现信号转换
	物性型	以转换元件物理特性的变化实现信号转换

续表

分 类 法	型 式	说 明
按能量关系分类	能量转换型	传感器输出量的能量直接由被测量能量转换而来
	能量控制型	传感器输出量的能量由外部能源提供,但受输入量控制
按作用原理分类	电阻式	利用电阻参数的变化实现信号转换
	电容式	利用电容参数的变化实现信号转换
	电感式	利用电感参数的变化实现信号转换
	压电式	利用压电效应实现信号转换
	磁电式	利用电磁感应原理实现信号转换
	热电式	利用热电效应实现信号转换
	光电式	利用光电效应实现信号转换
	光纤式	利用光纤特性参数的变化实现信号转换
	视觉式	利用计算机视觉原理实现信号转换
按输入量分类	长度、角度、位移、压力、温度、流量、距离、液位振动速度、加速度……	以被测量命名(即按用途分类)
按输出量分类	模拟式	输出量为模拟信号
	数字式	输出量为数字信号

3.4.3 传感器技术的发展方向

传感器技术的未来发展方向主要集中在以下几个方面:

(1) 新型敏感材料的开发。为了提高传感器的性能,研究人员正在加速开发新型敏感材料,这些材料能够对各种环境变化做出更灵敏和精确的反应。

(2) 高精度发展。传感器的精度是衡量其性能的重要指标,未来的传感器技术将更加注重提高测量的准确性和稳定性。

(3) 微型化发展。随着微机电系统(MEMS)技术的发展,传感器的尺寸和性能都有了质的飞跃。微型化不仅可以减少空间占用,还能提高传感器的集成度和便携性。

(4) 微功耗及无源化发展。为了适应可穿戴设备和远程监测等应用的需求,传感器技术正朝着更低功耗甚至无源化的方向发展,以延长设备的工作时间并减少维护成本。

(5) 集成化与智能化。传感器技术的集成化意味着将多个传感器集成到一个芯片或模块中,而智能化则是指赋予传感器数据处理和决策能力,使其能够自主工作并提供更加智能的输出。

(6) 多功能性和多参数检测。未来的传感器将不仅仅局限于单一功能的检测,而是能够同时检测多个参数,提供更全面的环境信息。

(7) 网络化和物联网的融合。传感器将成为物联网的重要组成部分,通过网络连接实现数据的实时传输和共享,从而实现远程监控和控制。

(8) 环境适应性和鲁棒性。传感器将被设计得更加耐用,能够在恶劣的环境中稳定工作,如高温、高压、强磁场等条件下。

(9) 可持续性和环保。随着全球对环境保护意识的提高,未来的传感器技术也将更加注重环保,使用可回收材料,减少对环境的影响。

(10) 个性化和定制化。随着制造技术的进步,未来的传感器将能够根据特定应用需求进行个性化定制,满足不同用户的特定需求。

3.4.4 典型的传感器

1. 电阻式传感器

电阻式传感器是利用电阻元件把被测的物理量,如力、位移、形变及加速度等的变化,转换成电阻阻值的变化,通过对电阻阻值的测量达到测量该物理量的目的。

电阻式传感器可分为电位器式传感器和应变式电阻传感器。前者适用于被测对象参数变化较大的场合;后者工作于电阻值变化较小的情况,灵敏度较高。

(1) 绕线电位器式电阻传感器

其工作电路图如图 3-3 所示,图中 U_i 是电位器工作电压,R 是电位器电阻,R_L 是负载电阻,L_L 是负载电流,R_x 是对应于电位器滑臂移动到某位置时的电阻值,U_o 是负载两端的电压。传感器工作时,被测量的变化通过机械结构,使电位器的滑臂产生相应的位移,改变电路的电阻值,引起输出电压的改变,从而达到测量被测量的目的。

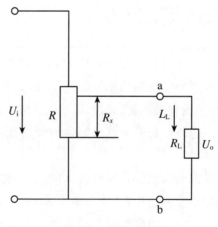

图 3-3 电位器电路

普通绕线电位器式电阻传感器结构简单,价格便宜,输出功率大,一般情况下可直接指示仪表,简化了测量电路。但由于分辨力有限,所以一般精度不高;另外其动态响应差,不适宜测量快速变化量。通常可用于测量压力、位移、加速度等。

(2) 应变式电阻传感器

应变式电阻传感器是利用导体或半导体材料的应变效应制成的一种测量器件,用于测量微小的机械变化量。电阻应变片是其最常用的形式,用应变片测量应变时,将应变片粘贴在试件表面,当试件受力变形后,应变片也随之变形,从而使得应变片电阻变化,这种电阻变化通过测量转换电路最终转换成电压或电流的变化。

如图 3-4 所示,以金属丝电阻应变片为例分析这种应变效应。金属丝应变片的电阻 R 可表示为

$$R = \rho \frac{l}{A} \tag{3-6}$$

式中,R 为金属丝电阻值,ρ 为金属丝的电阻率,l 为金属丝的长度,A 为金属丝的横截面积。

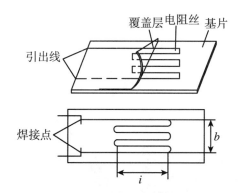

图 3-4　金属丝电阻应变片的结构

应变式电阻传感器的主要优点是:

(1) 电阻变化率与应变可保持良好的线性关系。

(2) 外形小,质量轻,因此在测量时对试件的工作状态及应力分布影响很小。

(3) 测量范围广。

(4) 频率响应好,一般电阻应变式传感器的响应时间为 10 s,半导体应变式传感器可达 10^{-7} s,所以可进行几十赫兹甚至上百赫兹的动态测量。

(5) 采用适当措施后,可在一些恶劣环境下正常工作。

其缺点是在大应变状态下,具有较大的非线性,输出信号较小,故干扰问题突出。

2. 数字式传感器

数字式传感器能够直接将非电量转换为数字量,这样就不需要 A/D 转换,可以直接用数字显示,提高了测量精度和分辨率,并易于与微型计算机连接,也提高了系统的可靠性。此外,数学式传感器还具有抗干扰能力强、适宜远距离传输等优点。数字式传感器的发展历史不长,到目前为止它的种类还不太多,其中有的可以直接把输入量转换成数字量输出,有的需进一步处理才能得到数字量输出。

(1) 栅式传感器

① 光栅传感器

光栅传感器(grating transducer)广泛应用于位移、角度、长度、速度、加速度、振动等物理量的测量。

在玻璃尺或玻璃盘上密集刻划长刻线(一般为 10～12 mm),得到宽度一致、分布均匀、

明暗相间的条纹,即为光栅。光栅上的刻线称为栅线(不透光),栅线宽度为 a,缝隙(透光)宽度为 b,一般取 $a=b$,$W(W=a+b)$ 称为光栅的栅距,也称为光栅的节距或光栅常数。

光栅种类很多,按工作原理可分为物理光栅和计量光栅两种。物理光栅一般用于光谱仪器,作色散元件;计量光栅多用于精密位移测量和精密机械自动控制等。计量光栅又分为长光栅和圆光栅两种。

如图 3-5 所示,光栅传感器主要由光源、透镜、主光栅(标尺光栅)、指示光栅和光电元件构成。光源和透镜组成照明系统,光线经过透镜后成平行光投向光栅。主光栅与指示光栅在平行光照射下,形成莫尔条纹。光电元件主要有光电池和光敏晶体管,把莫尔条纹的明暗强弱变化转换为电量输出。主光栅的有效长度即为光栅传感器的测量范围。实际应用时,可根据需要将主光栅接长。主光栅与指示光栅之间的距离 d 可以根据光栅的栅距进行选择,一般取 $d=W^2/\lambda$,其中 W 为栅距,λ 为有效光波长。光栅传感器构成的测量系统的精度主要由主光栅的精度所决定。

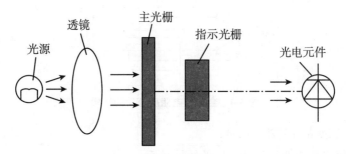

图 3-5 光栅传感器组成示意图

② 磁栅传感器

磁栅传感器(magnetic grating transducer)是一种利用磁栅与磁头的磁作用进行测量的位移传感器,是一种新型的数字式传感器,成本较低且便于安装和使用。当需要时,可将原来的磁信号(磁栅)抹去,重新录制。也可以安装到机床上后再录制磁信号,这对于消除安装误差和机床本身的几何误差,以及提高测量精度都十分有利。并且可以采用激光定位录磁,而不需要采用感光、腐蚀等工艺,因而测量精度较高,可达 ±0.01 mm/m,分辨率为 1~5 μm。磁栅传感器对使用环境条件要求较低,对周围电磁场的抗干扰能力较强,在油污、粉尘较多的场合下使用稳定性好。

磁栅传感器由磁栅(即磁尺)、磁头和检测电路组成,如图 3-6 所示。磁尺是用非导磁性材料做尺基,在上面镀一层均匀的磁性薄膜,然后录上一定波长的磁信号制成。磁头的作用是读写磁栅上的磁信号,并转换为电信号。图 3-6 中的 W 为磁信号节距。

磁栅传感器利用录磁原理,将具有一定节距、周期变化的方波、正弦波或脉冲电信号用录磁磁头记录在磁尺(或磁盘)的磁膜上,作为测量的基准。测量时,由拾磁磁头将磁尺上的磁信号转换为电信号,经检测电路处理后得到以数字量表示的磁头相对磁尺的位移量。

③ 容栅传感器

根据结构的不同,容栅传感器分为三种类型:直线形容栅传感器、圆形容栅传感器、圆筒

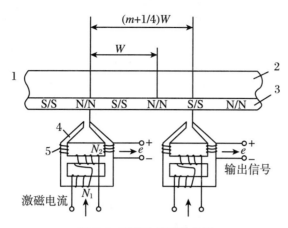

图 3-6 磁栅传感器结构图

1. 磁栅尺；2. 尺基；3. 磁性薄膜；4. 铁芯；5. 磁头

形容栅传感器。直线形和圆筒形容栅传感器多用于测量直线位移，圆形容栅传感器多用于测量角位移。

a. 直线形容栅传感器

直线形容栅传感器为长容栅，结构非常类似于平行板电容器，如图 3-7 所示，整个传感器由两组条状电极群相对放置组成，一组为动栅（动尺），另一组为定栅（定尺），动栅和定栅通过静电耦合来实现位移的测量。

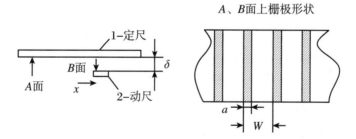

图 3-7 直线形容栅传感器结构与工作原理分析图

b. 圆形容栅传感器

圆形容栅传感器为片状圆容栅，其结构示意图如图 3-8 所示，在圆盘形绝缘材料基底上镀了多个辐射状电极群，两同轴圆盘上的电极群相对应，其电容耦合情况反映出两圆盘相对旋转的角度。

图 3-8 所示结构为片状圆容栅，它由同轴安装的固定圆盘 1 和可动圆盘 2 组成，A、B 面上的栅极片呈辐射的扇形，尺寸相同，均匀分布并互相绝缘。其工作原理与长容栅相同，最大电容为

$$C_{\max} = n\frac{\varepsilon\alpha(r_2^2 - r_1^2)}{2\delta} \tag{3-7}$$

式中，r_1、r_2 分别是圆盘上栅极片外半径和内半径，α 为每条栅极片对应的圆心角。

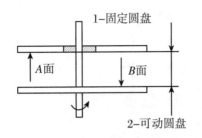

图 3-8 圆形容栅传感器结构与工作原理分析图

c. 筒形容栅传感器

筒形容栅传感器为柱状圆容栅,其结构示意图如图 3-9 所示,由两个套在一起的同轴圆筒组成,电极镀在圆筒上,可实现长度的测量。

筒形圆容栅由同轴安装的 1-定子(圆套)和 2-转子(圆柱)组成,在它们的内、外柱面上刻制有一系列宽度相等的齿和槽,当转子旋转时就形成了一个可变电容器,定子、转子齿面相对时电容量最大,错开时电容量最小。

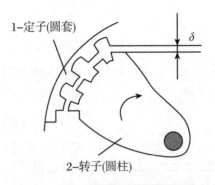

图 3-9 筒形容栅传感器结构原理图

3. 频率式数字传感器

频率式数字传感器是将被测非电量转换为频率量,即转换为一系列频率与被测量有关的脉冲,然后在给定的时间内,通过电子电路累计这些脉冲数,从而测得被测量;或者用测量与被测量有关的脉冲周期的方法来测得被测量。频率式数字传感器体积小,质量轻,分辨率高。由于传输的信号是一列脉冲信号,所以具有数字化技术的许多优点,是传感器技术发展的方向。频率式数字传感器一般分为以下三种:

(1) 利用振荡器的原理,使被测量的变化改变振荡器的振荡频率。常用振荡器有 RC 振荡电路和石英晶体振荡电路两种。

(2) 利用机械振动系统,通过其固有振动频率的变化来反映被测参数。

(3) 将被测非电量先转换为电压量,然后再用此电压去控制振荡器的振荡频率,称压控振荡器。

温度-频率传感器就是 RC 振荡电路频率式传感器的一种,其利用了热敏电阻 R 来测量温度,且 R 是 RC 振荡器的一部分。完整的电路如图 3-10 所示,该电路是由运算放大器和反馈网络构成的一种 RC 文氏电桥正弦波发生器,当外界温度 T 变化时,R_T 阻值也随之变化，RC 振荡器的频率因此而变化。电阻 R_2、R_3 的作用是改善其非线性特性。流过 R_T 的电流应尽可能小，这样可以减小 R_T 自身发热对测量温度的影响。

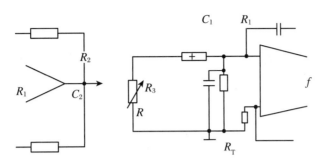

图 3-10　RC 振荡式频率传感器

4. 光电式传感器

光电式传感器是以光电器件作为转换元件的传感器。它可用于检测直接引起光量变化的非电量，如光强、光照度、辐射测温、气体成分等；也可用来检测能转换成光量变化的其他非电量，如零件直径、表面粗糙度、应变、位移、振动、速度、加速度，以及物体的形状、工作状态等。光电式传感器具有非接触、响应快、性能可靠等特点，因此在工业自动化装置和军事装置中获得广泛应用。

（1）激光传感器

利用光学原理，通过光波的一些物理特性进行精密测试，是一种非常重要的测试技术方法。由于光学测试方法具有非接触、灵敏度高、精度高以及动态性、实时性等优点，因此其在实际应用中具有广阔的前景。特别是 20 世纪 70 年代以后，激光这种新型光源在精密测试中大量应用，由于其在单色性、光强等方面的巨大优越性，大幅度地提高了测量的灵敏度和精度，并使整个测试系统的稳定性得以加强，使传统光学测试的领域得以扩展；更由于计算机技术的广泛应用，使得动态测量、实时测量以及相关比较测量等技术得以迅速发展。

众所周知，光波是电磁波的一种，光具有干涉、衍射、偏振等特性，描述光波的物理参量有波长、频率、光速、相位、偏振态、光强等，外界作用可以通过各种途径来改变上述表征光波特性的参量，有些是利用了光波在传播过程中的固有特性，有些是利用了光波在与其他物质相互作用时的各种效应，由此可设计出针对各种测试对象的测试方法。如干涉测试技术就是利用了光波的干涉特性，任何能改变光程差的外界作用，均有可能通过干涉方法进行测量，由于光的干涉对光波长尺度敏感，因此其测量灵敏度很高。而激光多普勒技术利用了光学多普勒效应，通过检测光波频率的变化，来达到测量速度的目的。又如光谱技术，主要是通过测量光与物质相互作用后发生的变化，实现对物质分子结构、化学成分、浓度含量等的测量。许多种光学测试方法都是由于激光的出现，才得到了蓬勃的发展，如激光多普勒测速技术、光全息技术、激光扫描技术、光衍射技术等。用光敏二极管可以检测激光辐照度（作用在探测器上的有效电场分量）随时间的变化，用图像传感器可以检测光干涉图和衍射图的空间变化，与光路和计算分析结合在一起就可以构成各种专用功能的激光传感器系统，或称激光检测系统。

(2) 光纤传感器

光纤传感器的工作基础是光纤波导,简称光纤,它是用光透射率高的电介质(如石英、玻璃、塑料等)构成的光通路。如图 3-11 所示,它由折射率 n_1 较大(光密介质)的纤芯和折射率 n_2 较小(光疏介质)的包层构成双层同心圆柱结构,根据几何光学原理,当光线以较小的入射角 θ_1,由光密介质 1 射向光疏介质 2($n_1 > n_2$)时,如图 3-12 所示,一部分入射光将以折射角 θ_2 折射入介质 2,其余部分以反射角 θ_1 反射回介质 1。

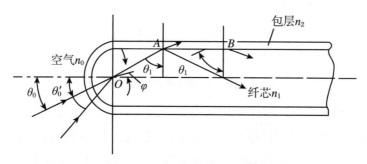

图 3-11 光纤的基本结构和波导

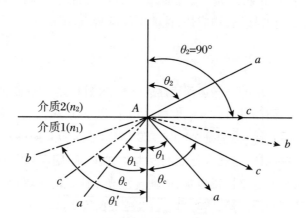

图 3-12 光在两介质面上的折射与反射

依据光折射和反射的斯涅尔(Snell)定律,有

$$n_1 \sin \theta_1 = n_2 \sin \theta_2 \tag{3-8}$$

当 θ_1 角逐渐增大,直至 $\theta_1 = \theta_c$ 时,透射入介质 2 的折射光也逐渐折向界面,直至沿界面传播($\theta_2 = 90°$)。对应于 $\theta_2 = 90°$ 时的入射角 θ_1 称为临界角 θ_c,由式(3-8)则有

$$\sin \theta_c = \frac{n_2}{n_1} \tag{3-9}$$

由图 3-12 可见,当 $\theta_1 > \theta_c$ 时,光线将不再折射入介质 2,而在介质(纤芯)内产生连续向前的全反射,直至由终端面射出,这就是光纤波导的工作基础。

光纤传感器中被测量对光纤内传输光进行调制,使传输光的强度(振幅)、相位、频率或偏振等特性发生变化,再通过对被调制过的光信号进行检测,即可得出相应被测量。光纤传感器一般可分为两大类:一类是功能型传感器(function fibre optic sensor),又称 FF 型光纤传感器;另一类是非功能型传感器(non-function fibre optic sensor),又称 NF 型光纤传感器。前者利用了光纤本身的特性,把光纤作为敏感元件,所以又称传感型光纤传感器;后者利用了其他敏感元件感受被测量的变化,光纤仅作为光的传输介质,用以传输来自远处或难以接近场所的光信号,因此也称传光型光纤传感器。

(5) 新型光电检测器

随着制造工艺的不断完善,特别是集成电路技术的发展,近年来出现了一批新型光电器件,以满足不同应用领域的需要。

这里简单介绍一下光位置传感器。当半导体光电器件受光照不均匀时,载流子浓度梯度将会产生侧向光电效应。当受光照部分吸收入射光子的能量产生电子-空穴对时,光照部分载流子浓度比未受光照部分的载流子浓度大,就出现了载流子浓度梯度,进而载流子会发生扩散。如果电子迁移率比空穴迁移率大,那么空穴的扩散不明显,则电子向未被光照部分扩散,从而造成光照射的部分带正电,未被光照射部分带负电,光照部分与未被光照部分产生光电动势。基于该效应,开发了半导体光电位置敏感器件(PSD),如图 3-13 所示。

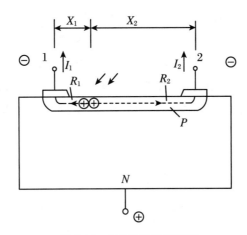

图 3-13 光位置传感器原理

5. 化学传感器

国家标准《传感器通用术语》对化学传感器的定义为"能感受规定的化学量并转换成可用输出信号的传感器"。1991 年,国际纯化学和应用化学联合会(International Union of Pure and Applied Chemistry,IUPAC)将化学传感器定义为:是一种将化学信息定性或定量转换为有用分析信号的装置。

化学传感器的工作原理框图如图 3-14 所示。

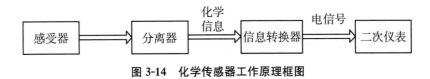

图 3-14 化学传感器工作原理框图

(1) 电位型传感器

电位型传感器(potentio metric sensor)是将溶解于电解质溶液中的离子,作用于离子电极产生电动势,并将电动势作为传感器的输出,通过平衡电位来确定物质浓度。其中被研究应用较多的是离子传感器。

离子传感器,也被称为离子选择性电极(ion selective electrode,ISE),它能与溶液(体液)中某种特定的离子产生选择性的响应。所谓响应,是指离子选择性电极敏感膜,在溶液中与特定离子接触后产生的膜电位值,随溶液中该离子的浓度的变化而变化。将某一合适的离子选择性电极浸入含有一定活度的待测离子溶液中时,在敏感膜的内、外两个相界面处会产生电位差,即为膜电位。膜电位产生的根本原因是离子的交换和扩散,它是膜内扩散电位和膜与电解质溶液形成的内、外界面的界面电位的代数和。

(2) 离子敏场效应管传感器

离子敏场效应管(ISFET)传感器,又称为场效应离子传感器,是一种对离子具有选择性敏感作用的场效应晶体管。1970年,荷兰科学家 Bergveld 研制出了对氢离子响应的离子敏场效应晶体管,标志着离子敏半导体传感器的诞生。它由离子选择性电极(ISE)与金属-氧化物-半导体场效应晶体管(MOSFET)组合而成,简称 ISFET。因此 ISFET 传感器是在 MOSFET 基础上制成的对特定离子敏感的离子检测器件,是集半导体制造工艺和普通离子电极特性于一体的新型传感器,其基本结构与普通的 MOSFET 相似。

离子敏场效应管在结构上没有金属栅电极,而是用离子敏感膜来替代栅极。敏感膜的种类很多,不同的敏感膜所检测的离子种类也不同,从而具有离子选择性。

离子敏场效应管的结构与一般的场效应管相比,不同之处在于离子敏场效应管的绝缘层与栅极之间没有金属栅极,而是待测量的溶液。绝缘层与溶液之间是离子敏感膜,可为固态,也可为液态。溶液与敏感膜和参比电极同时接触,充当栅极。MOS 场效应晶体管是利用金属栅上所加电压 U 的大小来控制漏源电流;ISFET 则是利用其对溶液中离子的选择作用来改变栅极电位,进而控制漏源电流的变化。

当将 ISFET 插入溶液中时,被测溶液与敏感膜接触处就会产生一定的界面电势,其大小取决于溶液中被测离子的活度,这一界面电势的大小将直接影响阈值电压 U_T 的值。如果以 a_i 表示响应离子的活度,则当被测溶液中的干扰离子影响极小时,阈值电压可用下式表示:

$$U_T = C + S\lg a_i \tag{3-10}$$

式中,C、S 对一定的器件、一定的溶液而言,在固定参考电极电位时是常数,因此 ISFET 的阈值电压与被测溶液中的离子活度的对数成线性关系。根据场效应晶体管的工作原理,漏源电流的大小又与阈值电压 U_T 的值有关。因此,ISFET 的漏源电流将随溶液中离子活度的变化而变化。在一定条件下,漏源电流 I_{DS} 与 a_i 的对数呈线性关系,由此可以确定离子的活度。

(3) 气敏传感器

气敏传感器是一种能够感知环境中某种气体及其浓度的敏感器件,它将气体种类及其浓度有关的信息转换成电信号,根据这些电信号的强弱便可获得待测气体在环境中的存在状况。

根据测量原理的不同,气敏传感器可以分为半导体式、接触燃烧式、化学反应式、光干涉式、热传导式、红外线吸收散射式等传感器类型,其中应用最多的是半导体气敏传感器。

① 半导体式气敏传感器

半导体式气敏传感器是利用待测气体与半导体表面接触时,导致半导体电导率等物理性质发生变化来进行气体检测的。例如,气体接触到加热的金属氧化物半导体材料(SnO_2、Fe_2O_3、ZnO_2等),金属氧化物的电阻值会增大或减小。

根据半导体与气体相互作用时,产生的变化只限于半导体表面或深入到半导体内部,半导体式气敏传感器可分为表面控制型和体控制型两类。

表面控制型半导体式气敏传感器吸附的气体与半导体间发生电子接触,使半导体的电导率等物理性质发生变化,但其内部结构组成不变;体控制型半导体式气敏传感器中半导体与气体的反应,使半导体内部晶格结构发生变化而使电导率变化。

根据半导体变化的物理特性,半导体式气敏传感器可分为电阻型和非电阻型。目前应用较广泛的是电阻型气敏器件,按其结构不同,可具体划分成烧结型、薄膜型和厚膜型三种类型。

② 接触燃烧式气敏传感器

接触燃烧式气敏传感器主要用于检测可燃性气体。当可燃性气体接触到氧气发生燃烧时,会使作为气敏材料的铂丝温度升高,其电阻值相应增大,据之可实现对可燃性气体的检测。其特点是线性度好,但灵敏度较低。

③ 化学反应式气敏传感器

化学反应式气敏传感器的测量原理是:利用化学溶剂与气体反应,导致电流、颜色、电导率等变化。主要用于 CO、H_2、CH_4、C_2H_5OH、SO_2 等气体的检测。特点是气体选择性好,但不能重复使用。

④ 光干涉式气敏传感器

光干涉式气敏传感器的测量原理是:利用被测气体与空气折射率不同而产生的干涉现象进行检测。如用于 CO_2 等气体的检测。其特点是使用寿命长,但选择性差。

⑤ 热传导式气敏传感器

热传导式气敏传感器的测量原理是:根据混合气体的总导热系数随待分析气体的含量不同而改变进行检测。因此主要用于检测与空气热传导率不同的气体,如 H_2 等。其特点是构造简单,但灵敏度低,选择性差。

⑥ 红外线吸收散射式气敏传感器

红外线吸收散射式气敏传感器的测量原理是:当某物质受到红外光束照射时,该物质的分子会吸收一部分能量并将其转换为分子内部核的振动和分子绕重心的转动,同种物质对不同波长的红外辐射吸收程度不同,如果将不同波长的红外辐射按顺序通过某物质,逐一测量其吸收程度,并记录下来,就可得到该物质在测定波长范围内的吸收光谱曲线,据之可进行相应的分析。红外线气体传感器可以有效地分辨气体的种类,准确测定气体浓度。主要用于检测 CO、CO_2 等气体。

3.5 测量误差和数据处理

3.5.1 测量误差及其产生原因

在测量过程中,由于基准件存在误差、测量方法的不完善、理论设计上的仪器误差、安装与调整的偏差、由测力导致的变形误差、操作时的对准误差以及环境条件变化(如温度波动)引起的误差,都会导致测量结果的不准确。因此,即使是对同一尺寸进行的多次测量,所得的结果也会有所差异,这种数值上的差异反映了测量误差的存在。

1. 绝对误差和相对误差

测量误差包括绝对误差和相对误差两种形式。

(1) 绝对误差

绝对误差是衡量测量值与真实值之间差距的一个指标。设某物理量的测量值为 x,其真值为 a,那么绝对误差 ε 可以表示为测量值 x 与真值 a 之间的差值,即 $\varepsilon = x - a$。由于这个差值是在测量值和真值之间进行的直接比较,因此绝对误差 ε 与测量值 x 具有相同的单位。

绝对误差的概念可以帮助我们了解测量值相对于真值偏离的大小。然而,绝对误差并不能直接用于比较不同大小的被测量的测量精度。例如,对于一个小尺寸的物体和一个大尺寸的物体,即使它们的绝对误差相同,也不能说它们的测量精度相同。

(2) 相对误差

相对误差是衡量测量精度的一个重要指标,定义为测量值与真实值之间的差距相对于真实值的比值。具体来说,相对误差是绝对误差与被测量的约定真值之比,通常乘以 100% 以表示为百分比形式。这种表示方式有助于评估测量结果的可靠性和准确性。

设测量结果 x 减去被测量约定真值 a,所得的误差或绝对误差为 δ,将绝对误差 δ 除以约定真值 a 即可求得相对误差,其计算公式如下:

$$\delta = \frac{\varepsilon}{x} = \frac{\varepsilon}{a} \qquad (3\text{-}11)$$

这个公式提供了一个无量纲的比值,使得不同大小或单位的测量可以直接比较其精度。相对误差越小,表明测量结果越接近真实值,测量的可信度越高。

2. 测量误差产生的原因

(1) 测量器具

在测量器具的设计过程中,固有的原理误差如杠杆机构的不完善和装配误差等是难以避免的。此外,制造和装配环节中的缺陷也会对器具的读数准确性造成影响,诸如刻线尺的制造偏差、量块的制造及校准不精准、表盘刻制与装配时产生的偏心、光学系统放大率的不准确以及齿轮分度的误差都是具体例证。在所有这些误差中,基准器物如刻线尺或量块的精确度至关重要,它们的误差通常构成了测量设备误差的主要部分。

(2) 测量方法

主要是指间接测量法中因采用近似的函数关系原理而产生的误差,或多个数据经过计算后的误差累积。间接测量法是一种通过测量与被测量量存在一定函数关系的其他量,进而通过计算得到被测量量的方法。在间接测量法中,误差可能产生于以下几个方面:① 采用了近似的函数关系原理。当无法直接测量一个参数时,可能需要利用已知的与该参数有确定关系的其他参数来间接求解。在这个过程中,如果所采用的函数关系只是近似的,而非精确的,就会引入额外的误差。② 多个数据经过计算后的误差累积。间接测量通常涉及多个步骤和多次测量,每一步测量都可能有其固有的误差,在进行计算时,这些单独的误差可能会累加,导致最终结果的不确定性增加。

(3) 测量环境

测量环境主要包括温度、气压、湿度、振动、空气质量等因素。在一般测量过程中,温度是最重要的因素。测量温度对标准温度(+20 ℃)的偏离、测量过程中温度的变化以及测量器具与被测件的温差等都将产生测量误差。

(4) 测量人员

在测量过程中,操作人员的技能和主观判断对测量结果的准确性有着直接的影响。由测量人员引起的误差主要包括:

① 视差。视差是由于人眼观察位置的不同而产生的读数差异。例如,在读取模拟刻度尺或表盘时,由于视线角度的变化,可能会产生视差误差。

② 估读误差。在进行长度、角度或其他量的测量时,如果需要对非整数的刻度进行估计,那么不同操作者可能会有不同的解读,从而引入误差。

③ 调整误差。在使用某些测量工具时,如微调螺旋或游标卡尺等,操作人员的调整力度和精度可能会导致读数的偏差。

这些误差的大小很大程度上取决于测量人员的技术水平、经验以及对测量设备的熟悉程度等主观因素。为了减少这些误差,通常需要对测量人员进行适当的培训和认证,以确保他们具备必要的操作技能和理解测量设备的相关知识。此外,采用更先进的数字测量工具可以有效减少视差和估读误差,因为这些工具提供了更直观的数字读数,减少了人为的解读差异。

3.5.2 测量误差的分类

根据测量误差出现的规律,测量误差可以分为系统误差、随机误差和粗大误差。

1. 随机误差

随机误差源于诸多不可控的因素,如电磁场的细微变动、机械部件的摩擦与空隙、温度波动、空气流动、气压与湿度的波动,以及测量者的生理感知差异等。在相同条件下重复测量同一对象时,这些因素引起的误差会以无法预测的大小和正负性出现,导致测量结果产生随机变化。这种误差的随机性使得它成为评估测量结果不确定度的关键要素。虽然无法完全根除随机误差,但应用统计方法可以对其影响进行估计和定量,从而在一定程度上降低其对最终测量精度的影响。

随机误差不可能被修正或者消除,但可应用概率论和数理统计的方法,估计出随机误差的大小及其规律,并减小其影响。

对某一被测几何量在一定测量条件下重复测量 N 次,得到 N 个测得值 $\mu_1,\mu_2,\cdots,\mu_N$,假设测量值不包含系统误差和粗大误差,被测几何量的真值为 μ_0,则可得到相应各次测得值的随机误差分别为

$$\begin{cases} \delta_1 = \mu_1 - \mu_0 \\ \delta_2 = \mu_2 - \mu_0 \\ \cdots\cdots \\ \delta_N = \mu_N - \mu_0 \end{cases} \quad (3\text{-}12)$$

通过大量数据统计实验可知,随机误差一般符合正态分布的规律,其正态分布曲线如图 3-15 所示(横坐标 δ 表示随机误差,纵坐标 y 表示随机误差的概率密度)。随机误差符合正态分布的特性可以通过其概率密度函数来描述,该函数通常表示为

$$Y(\delta) = \frac{1}{\sigma\sqrt{2\pi}} e^{-\frac{(\delta-\mu)^2}{2\sigma^2}} \quad (3\text{-}13)$$

式中,μ 是随机误差的均值,σ 是标准差。正态分布曲线具有以下 4 个特性:

(1) 抵偿性。随着测量次数的增加,各次随机误差的算术平均值趋于零,即各次随机误差的代数和趋于零,该特性是由对称性推导出来的,是对称性的必然反映。

(2) 对称性。当随机误差服从正态分布时,绝对值相等的正误差和负误差出现的次数是相等的。

(3) 单峰性。绝对值小的误差出现的次数比绝对值大的误差多,这表明大多数测量值集中在某个中心值附近。

(4) 有界性。在一定条件下,随机误差的绝对值不会超过一定的界限,这个界限通常由测量条件决定。

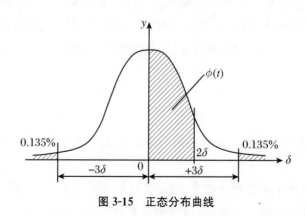

图 3-15 正态分布曲线

如图 3-16 所示的三条随机误差的正态分布曲线 1、2、3 中,曲线越陡,随机误差的分布

就越集中,测量精度就越高;反之曲线越平坦,随机误差的分布就越分散,测量精度就越低。

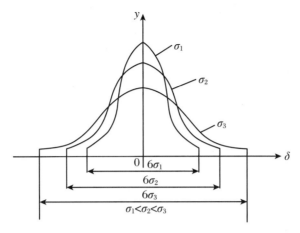

图 3-16 标准偏差的大小对随机误差分布曲线形状的影响

2. 系统误差

系统误差可视为重复性条件下,对同一被测量进行无限多次测量所得结果的平均值与被测量的真值之差。系统误差是测量过程中某些固定的原因引起的一类误差,它具有重复性、单向性、可测性,即在相同的条件下,重复测定时会重复出现,使测定结果系统性地偏高或偏低,其数值大小也有一定的规律。例如,测定的结果虽然精密度不错,但由于系统误差的存在,导致测定数据的平均值显著偏离其真值。如果能找出产生误差的原因,并设法测定出其大小,那么系统误差可以通过校正的方法予以减少或者消除。系统误差是定量分析中误差的主要来源。在对同一被测量进行多次测量过程中,出现某种保持恒定或按确定的方式变化的误差,就是系统误差。

3. 粗大误差

粗大误差是指超出在规定测量条件下预计的测量误差,即对测量结果产生明显歪曲的测量误差。含有粗大误差的测量值称为异常值,与正常测量值相比,它的数值显得相对较大或相对较小。产生粗大误差的主要原因如下:(1) 客观原因。电压突变、机械冲击、外界震动、电磁(静电)干扰、仪器故障等引起了测试仪器的测量值异常或被测物品的位置相对移动,从而产生了粗大误差。(2) 主观原因。使用了有缺陷的量具;操作时疏忽大意;读数、记录、计算错误等。另外,环境条件的反常突变因素也是产生粗大误差的原因。粗大误差不具有抵偿性,它存在于一切科学实验中,不能被彻底消除,只能在一定程度上减弱。它是异常值,严重歪曲了实际情况,所以在处理数据时应将其剔除,否则将对标准差、平均差产生严重的影响。

3.5.3 测量精度

测量精度是指被测几何量的测得值与其真值的接近程度。它和测量误差是从两个不同角度说明同一概念的术语。测量误差越大,测量精度就越低;测量误差越小,则测量精度就

越高。测量精度通常分为以下三个主要种类:

(1) 准确度。准确度是指测量结果与真实值之间的接近程度。它反映了测量结果中系统误差和随机误差的综合影响。准确度高意味着测量结果更接近于被测量的真实值。

(2) 精密度。精密度是指在相同条件下,多次测量结果之间的一致性或重复性。如果多次测量得到的结果非常接近,那么就说这些测量是精密的。精密度主要关注随机误差的大小,即测量的再现性。

(3) 精确度。精确度是一个综合性的概念,它同时考虑了准确度和精密度。一个测量过程如果既准确又精密,那么我们就可以说它的精确度高。精确度通常用来描述测量过程的整体质量。

对于一个具体的测量,精密度高,准确度不一定高;准确度高,精密度也不一定高;精密度和准确度都高的测量,精确度就高;精密度和准确度当中有一个不高,精确度就不高。

3.5.4 测量结果的数据处理

对测量结果进行数据处理,是为了找出被测量的最可信数值,以及找出该数值所包含的各种误差,以求消除或减小测量误差的影响,提高测量精度。

1. 测量列中随机误差的处理方法

从理论上讲,随机误差的分布中心即为真值。但实践中真值是不知道的,随机误差值和标准误差值也就成了未知量,在这种情况下,为了正确评定随机误差,应对测量列进行统计处理。

(1) 测量列的算术平均值

如果要从测量列中找出一个最接近真值的数值,那这个数字应该就是算术平均值。设测量列为 $a_1, a_2, \cdots, a_n$,则算术平均值为

$$a = \frac{\sum_{i=1}^{n} a_i}{n} \tag{3-14}$$

式中,n 为测量次数。

由概率论的大数定律可知,当测量列中没有系统误差时,若测量次数无限增加,则算术平均值必然等于真值 A,但实际中因为测量次数有限,算术平均值不会等于真值,而只能近似地视作为真值,由此用算术平均值代替真值进行计算而引入的误差,称为残余误差(又称为残差),记作 ω_i,即

$$\omega_i = a_i - a \tag{3-15}$$

可以证明,残差具有下述两个特性:

① 残差的代数和等于零,即 $\sum_{i=1}^{n} \omega_i = 0$,这一特性可用来验证数据处理中求得的算术平均值和残差是否正确。

② 残差的平方和最小，即 $\sum_{i=1}^{n} \omega_i^2 = min$，这一特性表示若不用 α，而用测量列中任一测得值代替真值 A，则得到的都不是最小值。由此可进一步说明，用算术平均值代替作为真值是最可靠、最合理的。

(2) 测量列中任意测得值的标准偏差

由于随机误差 δ_i 是未知量，标准偏差 σ 就不好确定，所以必须用一定的方法去估算标准偏差。估算的方法有很多，常用的是贝赛尔(Bessel)公式，即

$$\sigma = \sqrt{\frac{\sum_{i=1}^{n} \omega_i^2}{n-1}} \qquad (3-16)$$

这就是测量列中任意测得值的标准偏差的统计公式。该式根号内的分母为 $n-1$ 而不是 n，这是因为按 ω_i 计算 σ 时，n 个残差不完全独立，而是受 $\sum_{i=1}^{n} \omega_i = 0$ 条件约束，因此，残差只能等效于 $n-1$ 个独立随机变量。

由上式计算出值后，便可确定任意测量值的结果。若只考虑随机误差，则测量结果 L_e 可表示为

$$L_e = \alpha_i + 3\sigma \qquad (3-17)$$

(3) 测量列算术平均值的标准误差

当我们在相同条件下对同一被测几何量进行多组（每组 n 次）等精度测量时，每组测量得到的算术平均值可以被视为该组的测得值。由于随机误差的存在，这些算术平均值会有所不同，它们会在真值附近形成一个分布。这个分布的中心（均值）将接近于真值，而分布的范围（即分布的宽度或标准差）将比单次测量值的分布范围小得多。这是因为进行多次测量并计算平均值时，正向和负向的随机误差可能会相互抵消，从而使得平均值更接近于真值。这种现象被称为随机误差的"平均效应"。

根据误差理论，测量列算术平均值的标准偏差 σ_i 与测量列任一测得值的标准偏差 σ 存在如下关系：

$$\sigma_i = \frac{\sigma}{\sqrt{n}} \qquad (3-18)$$

式中，n 为每组的测量次数。若用残差表示，则有

$$\sigma_i = \sqrt{\frac{\sum_{i=1}^{n} \omega_i^2}{n(n-1)}} \qquad (3-19)$$

由式(3-19)可知，σ_i 为 σ 的 $\sqrt{n}$ 分之一，n 越大，则算术平均值越接近真值，σ_i 就越小，测量精密度也就越高。测量列算术平均值的测量极限误差为

$$\delta_{\lim} = \pm 3\sigma_I \qquad (3-20)$$

多次测量的测量结果可表示为

$$L = l + 3\sigma_I \qquad (3-21)$$

2. 测量列中系统误差的处理方法

在实际测量中,系统误差对测量结果的影响往往是不容忽视的,而这种影响并非无规律可循。因此揭示系统误差出现的规律性,并消除其对测量结果的影响,是提高测量精度的有效措施。

在测量过程中产生系统误差的因素是复杂的,人们还难以查明所有的系统误差,也不可能全部消除系统误差的影响,发现系统误差必须根据具体测量过程和计量器具进行全面而仔细的分析。这是一项困难而又复杂的工作,目前还没有能够适用于发现各种系统误差的普遍方法,下面只介绍适用于发现某些系统误差的两种常用的方法。

(1) 实验对比法

实验对比法是指改变产生系统误差的测量条件而进行不同测量条件下的测量,以发现系统误差。这种方法适用于发现定值系统误差。例如,量块按标称尺寸使用时,在被测几何量的测量结果中就存在由于量块的尺寸偏差而产生的大小和符号均不变的定值系统误差,重复测量也不能发现这一误差,只有用另一块等级更高的量块进行测量对比时才能发现它。

(2) 残差观察法

残差观察法是指根据测量列的各个残差大小和符号的变化规律,直接由残差数据或残差曲线图形来判断有无系统误差,这种方法主要适用于发现大小和符号按一定规律变化的变值系统误差。根据测量先后次序,将测量列的残差作图,观察残差的变化规律,若各残差大体上正、负相间,又没有显著变化,如图 3-17(a)所示,表明不存在变值系统误差;若各残差按近似的线性规律递增或递减,如图 3-17(b)所示,则可判断存在线性系统误差;若各残差的大小和符号有规律地周期变化,如图 3-17(c)所示,则可判断存在周期性系统误差。

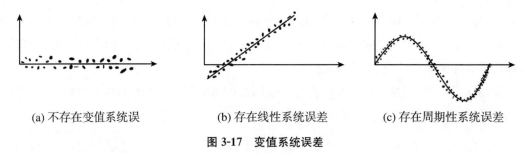

(a) 不存在变值系统误 (b) 存在线性系统误差 (c) 存在周期性系统误差

图 3-17 变值系统误差

3. 粗大误差的剔除

粗大误差会对测量结果产生明显的歪曲,应当将其从测量列中删除。剔除粗大误差不能凭主观猜测,而应通过拉依达准则(又称 3σ 准则)予以判别。拉依达准则认为:当测量列服从正态分布规律时,残差落在 $\pm 3\sigma$ 外的概率仅为 0.27%,即在 370 次连续测量中只有一次测量的残差超过 $\pm 3\sigma$,考虑到实际上连续测量的次数一般不超过 370 次,故可认为测量列中不应含有超出 $\pm 3\sigma$ 范围的残差。拉依达准则的判断式为

$$|\omega_i| > 3\sigma \tag{3-22}$$

在测量列中剔除一个含有粗大误差的值之后,应对剩余测量列重新计算求出新的 σ,再根据所得的新的 σ 按拉依达准则判断测量列中是否仍有粗大误差。注意,每次操作只能剔

除一个粗大误差,必要时应反复操作以确保剔除干净。此外,当测量次数少于 10 次时,一般不用拉依达准则来剔除粗大误差。

习　题

3-1　量块按"级"使用与按"等"使用哪个测量精度高？为什么？

3-2　试由 83 块一套的量块组成所需要的尺寸 28.75 mm。

3-3　测量过程中的要素有哪些？

3-4　测量误差的来源包括哪些方面？

第4章 几何公差及检测

4.1 概　述

由于机床夹具、刀具及工艺操作水平等因素的影响，机械加工后的零件在尺寸、形状和表面质量方面难以达到完全理想的状态，从而产生加工误差。这些误差包括尺寸偏差、形状误差和位置误差(见图 4-1)。加工误差体现在零件上，会导致零件实际几何参数的不确定性。同一批零件的相同部位，其实际尺寸会有所不同，表现为尺寸误差；同一零件的不同部位，或相关几何参数的相对位置、方向、跳动等各方面也会有所不同，即构成形状、位置、方向和跳动误差，这些误差统称为几何误差。

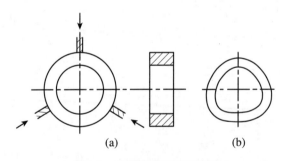

图 4-1　车削形成的形状误差

加工误差等会对产品的寿命和使用性能产生很大的影响，它们会影响机器、仪器、仪表、刀具、量具等各种机械产品的工作精度、联结强度、运动平稳性、密封性、耐磨性和使用寿命等，甚至还与机器在工作时的噪声大小有关。例如，具有形状误差(如圆度误差)的轴和孔的配合，会因间隙不均匀而影响配合性能，并造成局部磨损使寿命降低。几何误差越大，零件的几何参数的精度越低，其质量也越低。为了保证零件的互换性和使用要求，有必要对零件规定几何公差，用以限制几何误差。

为了保证机械产品的质量，保证机械零件的互换性，应该在零件图上给出形状和位置公差(简称形位公差)，规定零件加工时产生形状和位置误差(简称形位误差)的允许变动范围，并按零件图上给出的形位公差来检测形位误差。我国标准体系中与几何公差有关的主要标准有：

(1) GB/T 1182—2018《产品几何技术规范(GPS) 几何公差 形状、方向、位置和跳动公差标注》。

(2) GB/T 1184—1996《形状和位置公差未注公差值》。

(3) GB/T 1958—2017《产品几何技术规范(GPS) 几何公差 检测与验证》。

(4) GB/T 4249—2018《产品几何技术规范(GPS) 公差原则》。

(5) GB/T 13319—2020《产品几何技术规范(GPS) 几何公差 成组(要素)与组合几何规范》。

(6) GB/T 16671—2018《产品几何技术规范(GPS) 几何公差 最大实体要求、最小实体要求和可逆要求》。

(7) GB/T 17852—2018《产品几何技术规范(GPS) 几何公差 轮廓度公差注法》。

为适应经济发展和国际交流的需要,我国根据国际标准制定了有关几何公差的最新国家标准:

(1) GB/T 1800.1—2020《产品几何技术规范(GPS) 线性尺寸公差ISO代号体系 第1部分:公差、偏差和配合的基础》(代替 GB/T 1800.1—2009,GB/T 1801—2009)。

(2) GB/T 1800.2-2020《产品几何技术规范(GPS) 线性尺寸公差ISO代号体系 第2部分:标准公差带代号和孔、轴的极限偏差表》(代替 GB/T 1800.2—2009)。

(3) GB/T 24637.1-2020《产品几何技术规范(GPS) 通用概念 第1部分:几何规范和检验的模型》(代替 GB/Z 24637.1—2009)。

(4) GB/T 24637.2-2020《产品几何技术规范(GPS) 通用概念 第2部分:基本原则、规范、操作集和不确定度》(代替 GB/Z 24637.2—2009)。

(5) GB/T 17851-2022《产品几何技术规范(GPS) 几何公差 基准和基准体系》。

4.1.1 几何要素的概念

构成零件几何特性的点、线、面统称为几何要素,简称为要素,如图 4-2 所示。

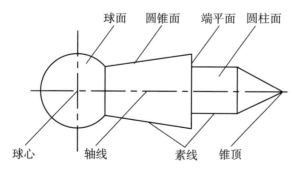

图 4-2 几何要素

按照不同的角度,要素具有不同的分类方法。

1. 按存在的状态,可以分为理想要素与实际要素

(1) 理想要素——具有几何意义的要素。

(2) 实际要素——零件上实际存在的要素,即加工后得到的要素。

2. 按结构特征,可以分为轮廓要素与中心要素

(1) 轮廓要素——组成轮廓的点、线、面。

(2) 中心要素——与轮廓要素有对称关系的点、线、面。

3. 按检测关系,可以分为被测要素与基准要素

(1) 被测要素——给出了形状或(和)位置公差的要素,即需要研究和测量的要素。

(2) 基准要素——用来确定被测要素方向或(和)位置的要素。理想的基准要素称为基准。

4. 按功能要求,可以分为单一要素和关联要素

(1) 单一要素——仅对要素本身给出形状公差要求的要素。

(2) 关联要素——指对其他要素有方位要求的要素。

5. 按来源,可以分为提取要素和拟合要素

(1) 提取要素——按照规定的方法,由实际(组成)要素提取有限数目的点所形成的要素,提取要素只是实际轮廓要素的近似。

(2) 拟合要素——按照规定的方法,由提取组成要素形成的并具有理想形状的组成要素。

4.1.2 几何公差项目及其符号

几何公差是指实际被测要素对图样上给定的理想形状、理想方位的允许变动量。几何公差分为形状公差、定向公差、定位公差和跳动公差,相应的几何特征符号如表 4-1 所示。

表 4-1 几何公差项目及其符号

公差类型	几何特征	特性符号	有无基准
形状公差	直线度	—	无
	平面度	▱	无
	圆度	○	无
	圆柱度	⌭	无
	线轮廓度	⌒	无
	面轮廓度	⌒	无

续表

公差类型		几何特征	特性符号	有无基准
位置公差	定向公差	平行度	∥	有
		垂直度	⊥	有
		倾斜度	∠	有
		线轮廓度	⌒	有
		面轮廓度	⌒	有
	定位公差	位置度	⊕	有或无
		同轴度	◎	有
		对称度	═	有
		线轮廓度	⌒	有
		面轮廓度	⌒	有
	跳动公差	圆跳动	↗	有
		全跳动	⌮	有

4.2 几何公差的标注

根据国家标准的规定,几何公差在技术图样上应使用代号进行标注。如果代号标注不可行或过于复杂,则允许在技术要求中使用文字说明。对于有位置公差要求的零件,图样上必须标明基准。几何公差的标注形式包括公差框格、指引线、几何公差特征符号、公差数值及相关符号、基准符号和其他相关要求符号等,如图4-3所示。

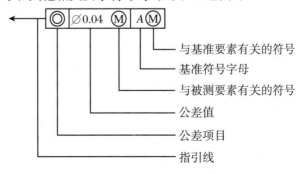

图 4-3 几何公差的代号

4.2.1 公差框格

如图 4-4 所示,公差框格在图样上一般应水平放置,但在必要时也允许竖直放置。对于水平放置的公差框格,应从左向右依次填写公差项目、公差值及相关符号、基准字母及相关符号。基准字母最多可以有三个,排列顺序不同会有不同的含义。对于竖直放置的公差框格,应从下向上填写相关内容。

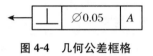

图 4-4　几何公差框格

公差框格中填写的公差值必须以毫米(mm)为单位。当公差带的形状为圆形或球形时,应分别在公差值前加注"∅"和"S∅"。

4.2.2 被测要素

被测要素应使用带箭头的指引线与公差框格连接。标注时,指引线通常从公差框格的一端引出,并与框格端线垂直,但为了制图方便,也可以从框格的侧边引出,如图 4-5 所示。指引线的箭头应指向被测要素的公差带宽度方向或径向方向。对于圆度而言,公差带的宽度是由形成两同心圆的半径方向决定的。

当被测要素为组成(轮廓)要素时,箭头指向要求的轮廓线或其延长线上,但必须与尺寸线错开,对圆度公差,其指引线箭头应垂直指向回转体的轴线;当被测要素为导出(中心)要素时,箭头应对准尺寸线。指向线的箭头也可兼作尺寸线箭头。

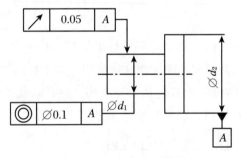

图 4-5　指引线与公差框格

4.2.3 基准要素

基准是相对于被测要素的参考点,用基准字母表示。基准要素标注在基准方格内,并与一个涂黑或空白的三角形用细实线相连,如图 4-6 所示。

基准代号用大写拉丁字母表示,为避免混淆,标准规定不使用 E、I、J、M、O、P、L、R、F 等字母。基准的顺序在公差框格中是固定的,第一基准代号填在第三格,随后依次填写第二和第三基准代号。当两个要素组成公共基准时,用横线隔开两个大写字母,并将其标在第三格内。需要注意的是,无论基准符号在图样上的方向如何,方框内的字母必须水平书写。

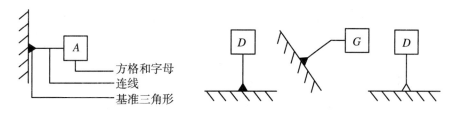

图 4-6　基准符号结构

当基准要素是组成要素时,基准符号应放置在轮廓线或其延长线上,并应与尺寸线明显错开,如图 4-7(a)所示;当基准要素是导出要素(如轴线、中心平面等)时,基准符号必须与该要素的尺寸线对齐,如图 4-7(b)所示。

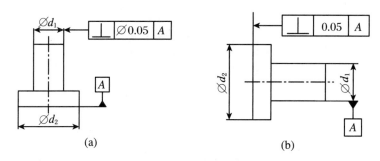

图 4-7　基准要素的标注

当基准要素或被测要素为视图上的局部表面时,可将基准符号(公差框格)标注在带圆点的参考线上,圆点标于基准面(被测面)上,如图 4-8 所示。

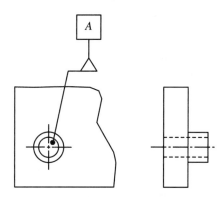

图 4-8　基准要素为导出要素

根据基准的数量可以分为单一基准、公共基准、三基面体系基准。

单一基准是指由单个要素构成、单独作为某被测要素的基准,如图 4-9(a)所示;公共基准是由两个或两个以上要素(共线或共面)构成,起单一基准作用的基准,如图 4-9(b)所示;三基面体系基准是指若某被测要素需由三个相互间具有确定关系的基准共同确定,这种基准称作三基面体系,如图 4-9(c)所示。

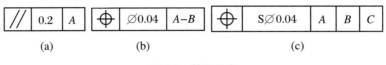

图 4-9 基准分类

4.2.4 几何公差标注的简化

在不影响读图或引起误解的前提下,可采用简化标注方法:

(1) 当同一要素有多个公差要求时,如果被测部位和标注方式相同,则可以将公差框格重叠,并使用同一根指引线,如图 4-10 所示。

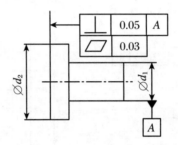

图 4-10 多个公差要求作用同一要素的简化标注

(2) 一个公差框格可以用于具有相同几何特征和公差值的多个独立要素,如图 4-11 所示。

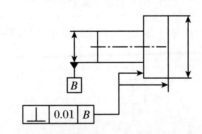

图 4-11 多个要素同一公差要求的简化标注

(3) 对由多个同类要素组成的公共被测要素,应使用一个公差框格进行标注,并在公差框格中公差值后加注符号"CZ"(CZ 是 common zone 的缩写),如图 4-12 所示。

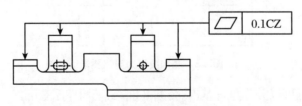

图 4-12 公共要素的标注方法

(4) 当多个结构尺寸相同的要素具有相同的几何公差要求时,可以只对其中一个要素进行标注,并在框格上方注明数量。例如,对于 8 个相同要素,则在框格上方标注"8"或"8

槽"等,如图 4-13 所示。

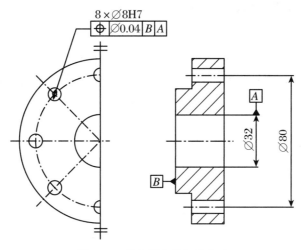

图 4-13 公共要素的标注方法

(5) 公共基准的标注方法:当使用两个要素建立公共基准时,用中间加连字符的两个大写字母表示;当使用两个或三个基准建立基准体系时,表示基准的大写字母按照基准的优先顺序自左到右填写在各框格内,如图 4-14 所示。

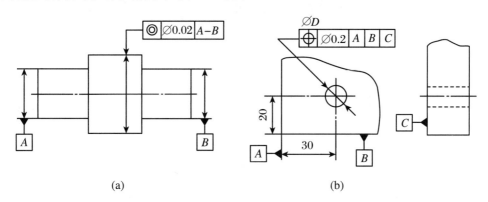

图 4-14 公共要素的标注方法

4.3 几何公差与公差带

几何公差带是指用来限制被测提取(实际)要素变动的区域,零件提取实际要素在该区域内为合格。几何公差带包括形状、方向、位置和大小。公差带的形状、方向及位置取决于要素的几何特征及功能要求。公差带的大小用其宽度或直径表示,由给定的公差值决定。

4.3.1 形状公差与公差带

形状公差是指单一提取(实际)要素形状的允许变动量。由于形状公差没有基准,其公差带的方向和位置可随提取(实际)要素的方位在公差带内变动。形状公差由直线度、平面度、圆度和圆柱度四个项目组成,用来限制被测几何要素如直线、平面、圆、圆柱的误差。因此,形状公差是指单一实际要素的形状所允许的全量变动,其公差带没有方向和位置的要求,与基准无关。形状公差的公差带包含两个要素:形状和大小。

形状公差带的定义、标注示例和说明如表 4-2 所示。

表 4-2　形状公差带的定义、标注示例和说明

项目	标注示例	公差带定义	说　　明
直线度	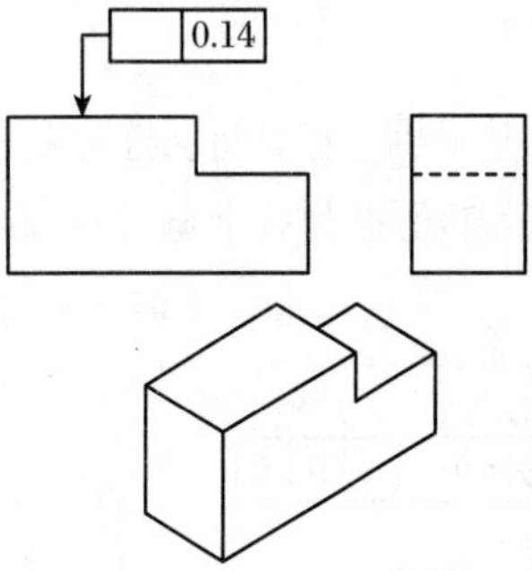 (图示 0.14)	在给定平面内,公差带是距离为公差值 t 的两平行直线之间的区域	被测提取(实际)表面的素线必须位于平行于图样所示投影面且距离为公差值(0.14 mm)的两平行直线之间 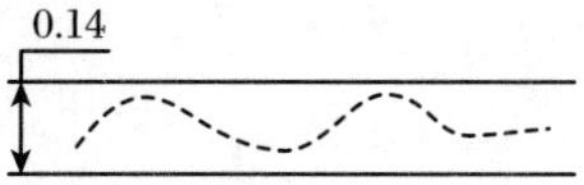
直线度	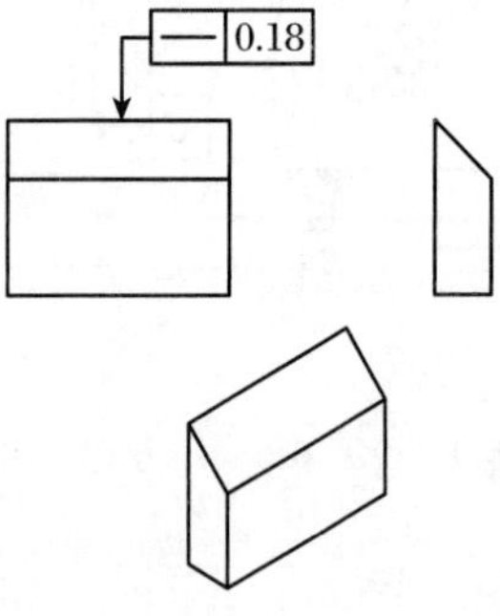 (图示 0.18)	在给定方向上距离为公差值 t 的两平行平面之间的区域	在给定方向上,被测提取(实际)棱线必须位于距离为 0.18 mm 的两平行平面之间 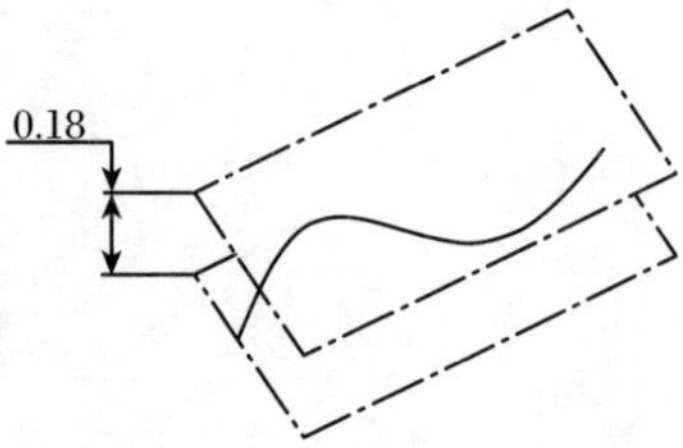
直线度	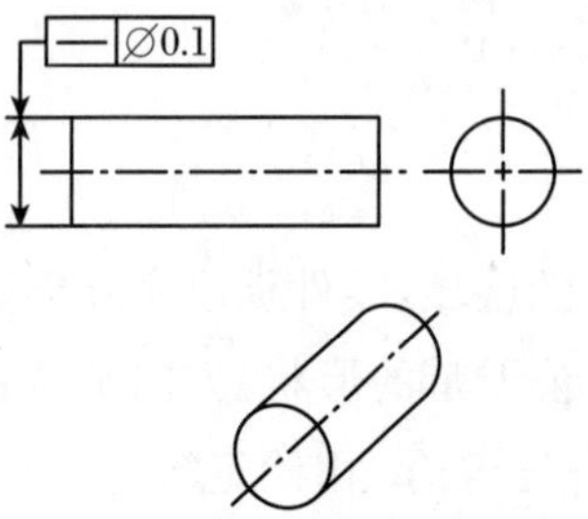 (图示 ⌀0.1)	在公差值前加注 $\varnothing$,则公差带是直径为 t 的圆柱面内的区域	被测圆柱体的轴线必须位于直径为公差值 $\varnothing 0.1$ mm 的圆柱面内 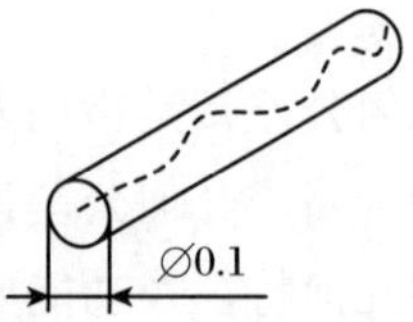

续表

项目	标注示例	公差带定义	说明
平面度	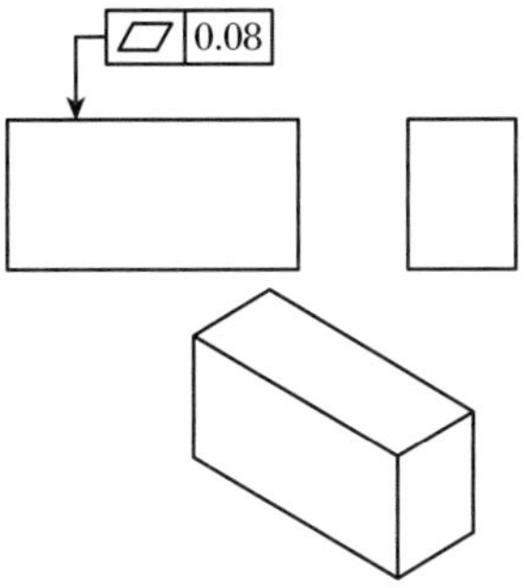	公差带是距离为公差值 t 的两平行平面之间的区域	被测表面必须位于距离为公差值 0.08 mm 的两平行平面之间 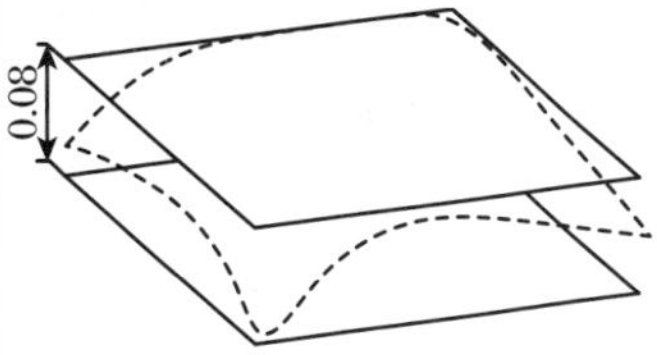
圆度	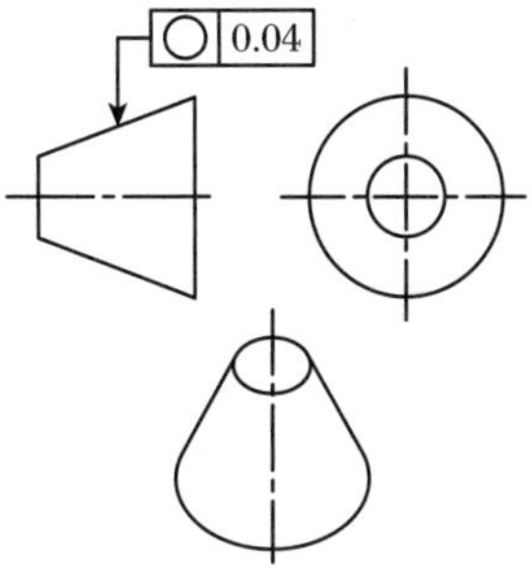	公差带是在同一正截面半径差为公差值 t 的两同心圆之间的区域;被测表面若为球面,则为过该球球心的任一横截面	被测提取(实际)圆柱面或圆锥面任一正截面的圆周必须位于半径差为 0.04 mm 的两同心圆之间 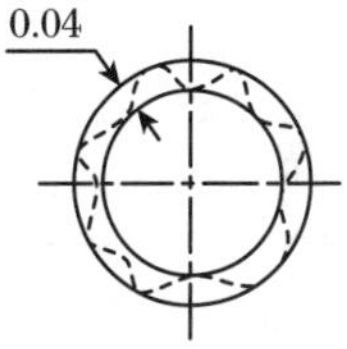
圆柱度	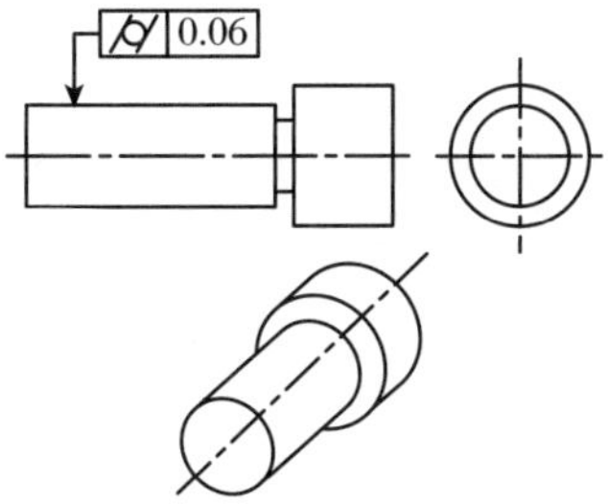	公差带是半径差为公差值 t 的两同轴圆柱面之间的区域	被测圆柱面的表面必须位于半径差为公差值 0.06 mm 的两同轴圆柱面之间 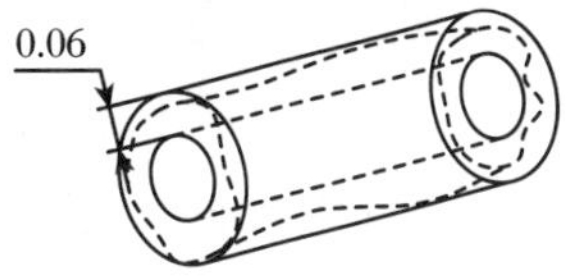
线轮廓度	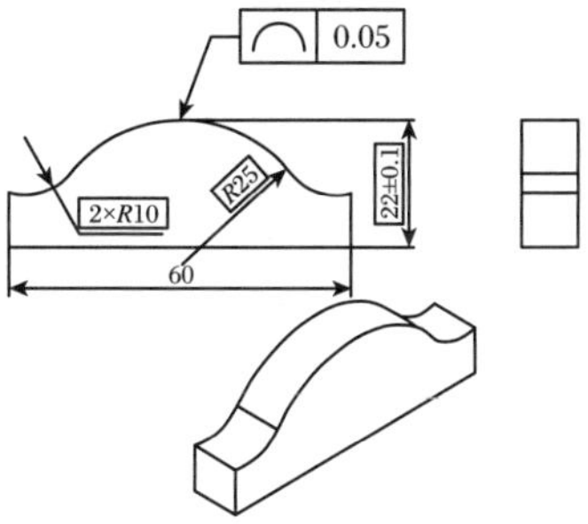 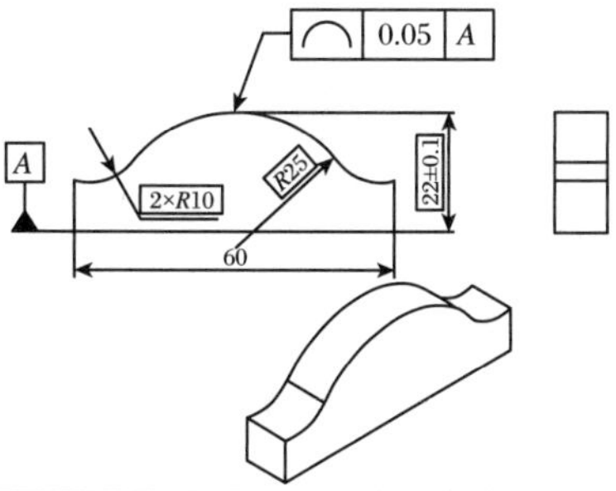	公差带是包络一系列直径为公差值 t 的圆的两包络线之间的区域,各圆的圆心位于具有理论正确几何形状的轮廓线上; 下图线轮廓度公差有基准要求	在平行于图样所示投影面的任一截面上,被测轮廓线必须位于包络一系列直径为公差值 0.05 mm,且圆心位于具有理论正确几何形状的线上的两包络线之间 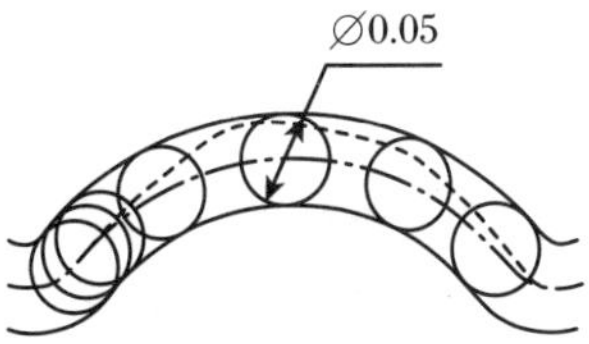

续表

项 目	标注示例	公差带定义	说 明
面轮廓度	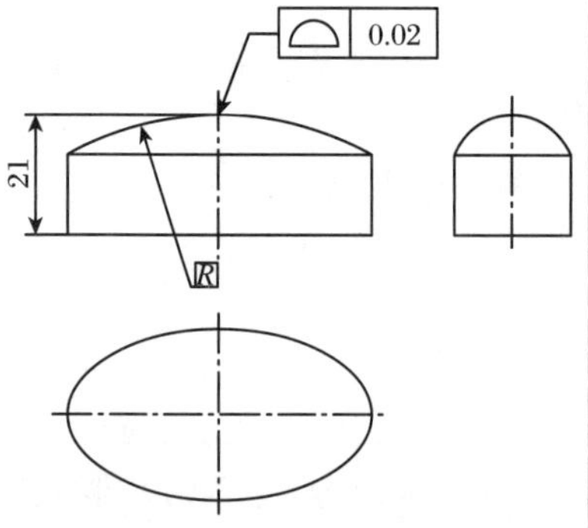 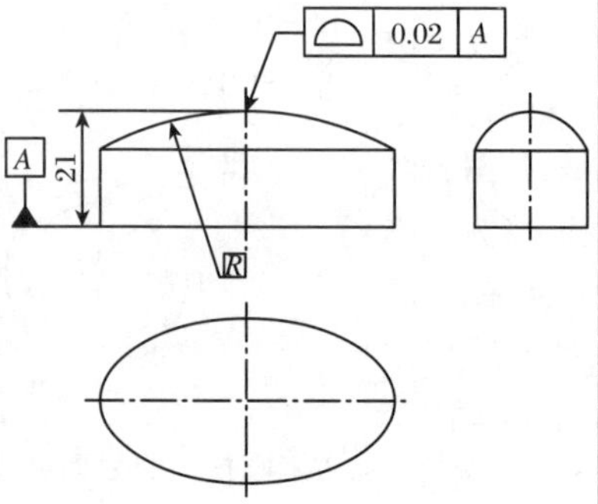	公差带是包络一系列直径为公差值 t 的球的两包络面之间的区域,各球的球心位于具有理论正确几何形状的轮廓面上; 下图面轮廓度公差有基准要求	被测轮廓面必须位于包络一系列球的两包络面之间,诸球的直径为公差值 0.02 mm,且诸球的球心位于具有理论正确几何形状的轮廓面上 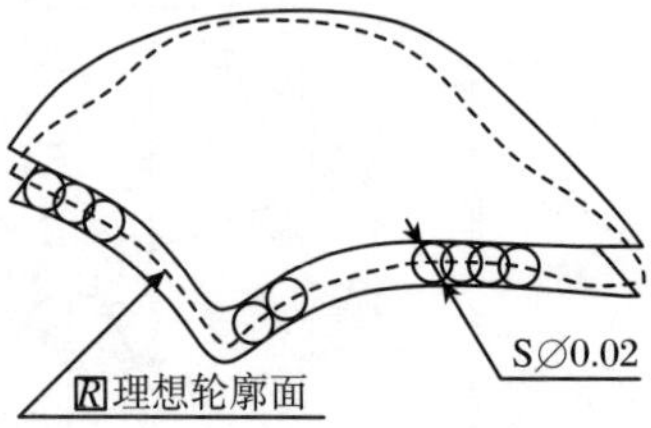

1. 直线度公差

直线度公差是用以限制被测实际直线对其理想直线变动量的一项指标,用于限制平面内或空间直线的形状误差,被限制的直线有平面内的直线、回转体的素线、平面与平面的交线和轴线等。根据零件的功能要求不同,可分别提出平面内、给定方向和任意方向上的直线度要求。

在给定平面内的直线度:公差带是在给定平面内距离为公差值 t 的两平行直线间的区域。

在给定方向上的直线度:公差带是在给定方向上距离为公差值 t 的两平行平面间的区域。

在任意方向上的直线度:公差带是直径为公差值 t 的圆柱面内的区域。

2. 平面度公差

平面度公差是用以限制实际表面对其理想平面变动量的一项指标,限制被测实际平面的形状误差。

3. 圆度公差

圆度公差是限制实际圆对其理想圆变动量的一项指标,用于限制回转表面的径向截面轮廓的形状误差,其公差带是在同一正截面上,半径差为公差值 t 的两同心圆之间的区域。它是对圆柱面(圆锥面)的正截面和球体上通过球心的任一截面提出的形状精度要求。

标注圆度时指引线箭头应明显地与尺寸线箭头错开；标注圆锥面的圆度时，指引线箭头应与轴线垂直，而不该指向圆锥轮廓线的垂直方向。

4. 圆柱度公差

圆柱度公差是限制实际圆柱面对其理想圆柱面变动量的一项指标。它是对圆柱面所有正截面和纵向截面方向提出的综合性形状精度要求，用于限制被测实际圆柱面的形状误差。圆柱度公差可以同时控制圆度、素线直线度和两素线平行度等项目的误差，其公差带是半径为 t 的两同轴圆柱面之间的区域。

5. 线轮廓度、面轮廓度

轮廓度分为线轮廓度和面轮廓度。无基准要求的轮廓度公差属于形状公差，其公差带的方向可以浮动。而有基准要求的轮廓度公差属于方向或位置公差。前者的公差带方向是固定的，但位置可以在尺寸公差带内浮动；而后者的公差带位置则是固定不变的。线轮廓度公差用于限制被测提取平面曲线对其拟合曲线的变动量，而面轮廓度则用于限制被测提取曲面对其拟合曲面的变动量。

线轮廓度是限制实际曲线对其理想曲线变动量的指标之一。其公差带是一系列直径为公差值 t 的圆的两包络线之间的区域，诸圆的圆心应位于理想轮廓线上。需要注意的是，理想要素需要由基准和理论正确尺寸确定。理论正确尺寸是指确定被测要素的理想形状、方向和位置的理想尺寸。但理想轮廓线的位置是相对于基准用理论正确尺寸唯一确定的，不能浮动。注意：该轮廓度公差既控制实际轮廓线的形状误差，又控制其位置误差，严格说属于位置公差。

面轮廓度是限制实际曲面对其理想曲面变动量的指标之一。其公差带是一系列直径为公差值 t 的球的两包络面之间的区域，诸球的球心应位于理想轮廓面上。

4.3.2 定向公差与公差带

定向公差是指关联实际要素对基准在方向上允许的变动全量，它用来控制线或面的方向误差。理想要素的方向由基准及理论正确尺寸确定，公差带相对于基准有确定的方向。

方向公差包括平行度、垂直度和倾斜度三项，被测要素和基准要素都有直线和平面之分。被测要素相对于基准要素，均有线对线、线对面、面对线和面对面四种情况。根据要素的空间特性和零件功能要求，方向公差中被测要素相对基准要素为线对线或线对面时，可分为给定一个方向、给定相互垂直的两个方向和任意方向上的三种。定向公差带的定义、标注示例和说明如表 4-3 所示。

表 4-3　定向公差带的定义、标注示例和说明

项目		标注示例	公差带定义	说明
平行度	面对面		公差带是距离为公差值 t 且平行于基准平面的两平行平面之间的区域	被测表面必须位于距离为公差值 0.33 mm 且平行于基准表面 A 的两平行平面之间
	线对面		公差带是距离为公差值 t 且平行于基准平面的两平行平面之间的区域	被测轴线必须位于距离为公差值 0.01 mm 且平行于基准表面 B（基准平面）的两平行平面之间
	线对线		公差带是两相互垂直的距离分别为 t_1 和 t_2，且平行于基准线的两平行平面之间的区域	在两相互垂直的方向上，被测轴线 $\varnothing D_1$ 必须位于距离分别为公差值 0.2 mm 和 0.1 mm，且平行基准孔 $\varnothing D_2$ 轴线的两组平行平面之间
			在公差值前加注 $\varnothing$，公差带是直径为公差值 t 且平行于基准线的圆柱面内的区域	被测轴线必须位于直径为公差值 0.03 mm 且平行于基准轴线的圆柱面内

续表

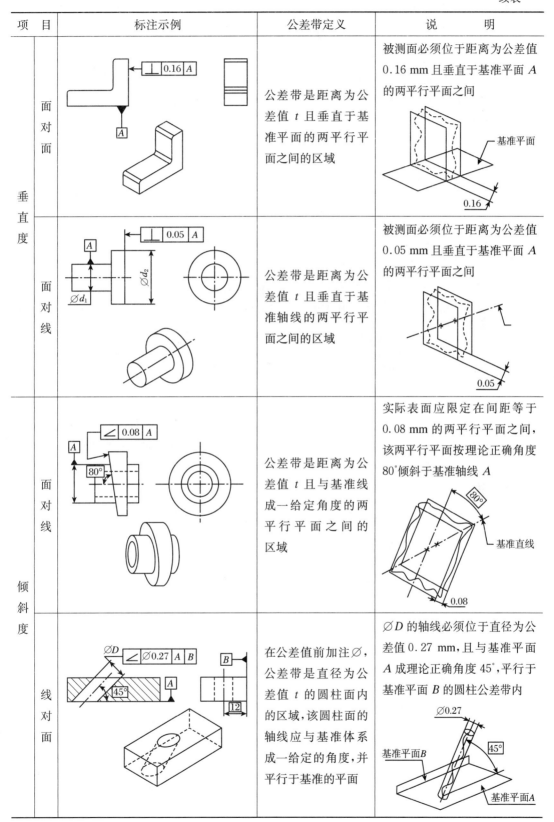

项目		标注示例	公差带定义	说明
垂直度	面对面		公差带是距离为公差值 t 且垂直于基准平面的两平行平面之间的区域	被测面必须位于距离为公差值 0.16 mm 且垂直于基准平面 A 的两平行平面之间
	面对线		公差带是距离为公差值 t 且垂直于基准轴线的两平行平面之间的区域	被测面必须位于距离为公差值 0.05 mm 且垂直于基准平面 A 的两平行平面之间
倾斜度	面对线		公差带是距离为公差值 t 且与基准线成一给定角度的两平行平面之间的区域	实际表面应限定在间距等于 0.08 mm 的两平行平面之间,该两平行平面按理论正确角度 80°倾斜于基准轴线 A
	线对面		在公差值前加注 $\varnothing$,公差带是直径为公差值 t 的圆柱面内的区域,该圆柱面的轴线应与基准体系成一给定的角度,并平行于基准的平面	$\varnothing D$ 的轴线必须位于直径为公差值 0.27 mm,且与基准平面 A 成理论正确角度 45°,平行于基准平面 B 的圆柱公差带内

定向公差具有如下特点：
(1) 定向公差带相对基准有确定的方向，而其位置往往是浮动的。
(2) 定向公差带具有综合控制被测要素方向和形状的功能。

因此在保证功能要求的前提下，规定了定向公差的要素，一般不再规定形状公差，只有对该要素的形状有进一步要求时，可同时给出形状公差，但其公差数值应小于定向公差值。

4.3.3 定位公差与公差带

定位公差是关联实际要素对其具有确定位置的理想要素的允许变动量。理想要素的位置由基准及理论正确尺寸（长度或角度）确定。定位公差带具有确定的位置，相对于基准的尺寸为理论正确尺寸；定位公差项目有位置度、同心度、同轴度、对称度等项。定位公差带具有形状、大小、方向和位置四个要素，具有综合控制被测要素位置、方向和形状的功能。按照被测要素和实际要素的类型，有线对线、线对面、面对面、面对线等。

定位公差带的定义、标注示例和说明如表 4-4 所示。

表 4-4 定位公差带的定义、标注示例和说明

项目	标注示例	公差带定义	说明
轴线的同轴度		公差带是直径为公差值 $\varnothing t$ 的圆柱面内区域，该圆柱面的轴线与基准轴线同轴	$\varnothing d$ 的轴线必须位于直径为公差 $\varnothing 0.18$ mm，且与公共基准线 $A-B$（公共基准轴线）同轴的圆柱面内
中心平面的对称度		公差带是距离为公差值 t，对称于基准中心平面的两平行平面之间的区域	被测中心平面必须位于距离为公差值 0.08 mm，且相对基准中心平面 A 对称配置的两平行平面之间

续表

项目		标注示例	公差带定义	说 明
位置度	轴线给定方向		在公差值前加注∅，公差带是直径为公差值∅t的圆柱面内的区域，公差带的轴线的位置由三基面体系和理论正确尺寸确定	4个∅D被测孔的轴线必须位于两对互相垂直且距离分别为公差值0.1 mm和0.2 mm，以理论正确位置为轴线位置的平行平面之间。该理论正确位置由A、B、C基准表面和理论正确尺寸确定
	轴线任意方向		在公差值前加注∅，公差带是直径为公差值∅t的圆柱面内的区域，公差带轴线的位置由三基面体系和理论正确尺寸确定	∅D被测孔的轴线必须位于直径为公差值∅0.1 mm、以理论正确位置为轴线位置的圆柱面内。该理论正确位置由A、B、C基准表面和理论正确尺寸确定
	面的位置度		距离公差值t且以面的理论正确位置为中心面对称配置的两平行平面之间的区域。面的理论正确位置由二基面A、B和理论正确尺寸确定	被测表面必须位于距离为公差值0.05 mm，且以相对于基准A、B和理论正确尺寸27，理论正确角度60°所确定的理论正确位置为中心面对称配置的两平行平面之间

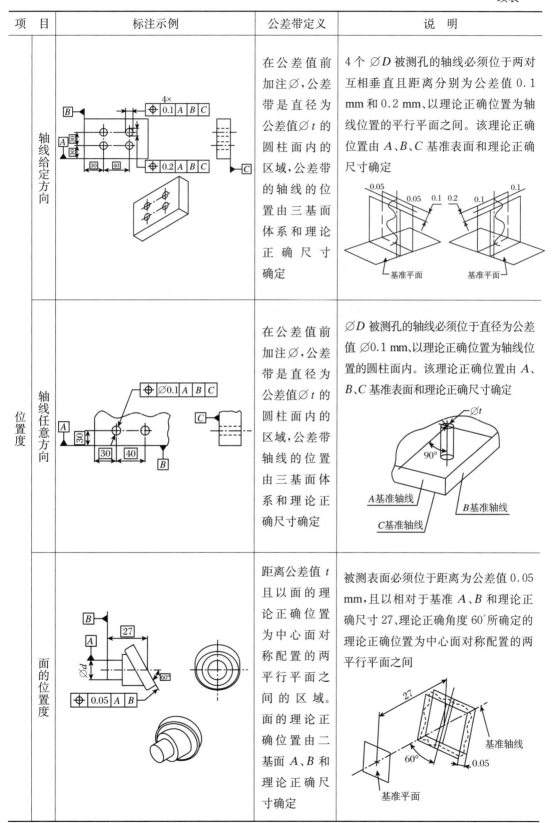

4.3.4 跳动公差与公差带

跳动公差是关联实际要素绕基准轴线回转一周或连续回转时所允许的最大跳动量。被测要素为圆柱面、端平面和圆锥面等轮廓要素,基准要素为轴线。跳动是指实际被测要素在无轴向移动的条件下绕基准轴线回转的过程中(回转一周或连续回转),由指示计在给定的测量方向上对该实际被测要素测得的最大与最小示值之差。

跳动公差是以特定的检测方式为依据的公差项目,包括圆跳动公差和全跳动公差,是关联实际要素绕基准轴线回转一周或几周时所允许的最大跳动量。跳动公差带相对于基准轴线有确定的位置,可以综合控制被测要素的位置、方向和形状。

圆跳动是指被测实际要素绕基准轴线无轴向移动地回转一周时,由固定的指示表在给定方向上测得的最大与最小读数之差。圆跳动公差是以上测量所允许的最大跳动量。圆跳动又分为径向圆跳动、端面圆跳动和斜向圆跳动三种。

全跳动公差是被测要素绕基准轴线无轴向移动地连续旋转多周,同时指示表做平行或垂直于基准轴线的直线移动时,在整个表面上所允许的最大跳动量。全跳动分为径向全跳动和端向全跳动两种。

各项跳动公差带的定义、标注示例和说明如表 4-5 所示。

表 4-5 跳动公差带的定义、标注示例和说明

特征		标注示例	公差带定义	说明
圆跳动	径向圆跳动		公差带是在垂直于基准轴线的任一测量平面内半径差为公差值 t,且圆心在基准轴线上的两个同心圆之间的区域	当被测要素围绕基准线 A(基准轴线)无轴向移动地旋转一周时,在任一测量平面内的径向圆跳动均不大于 0.05 mm
	端面圆跳动		公差带是在与基准轴线同轴的任一直径位置的测量圆柱面上距离为公差值 t 的两圆之间的区域	被测面绕基准线 A(基准轴线)无轴向移动地旋转一周时,在任一测量圆柱面内的轴向跳动量均不得大于 0.05 mm

续表

特征		标注示例	公差带定义	说明
全跳动	斜向圆跳动		公差带是在与基准轴线同轴的任一测量圆锥面上距离为公差值 t 的两圆之间的区域，除另有规定，其测量方向应与被测面垂直	被测锥面绕基准线 A（基准轴线）无轴向移动地旋转一周时，在任一测量圆锥面上的跳动量均不得大于 0.05 mm
	径向全跳动		公差带是半径差为公差值 t，且与公共基准轴线同轴的两圆柱面之间的区域	当被测要素围绕基准线 A-B 做连续旋转，同时测量仪器与工件间同时做轴向移动时，在被测要素上各点间的示值差均不得大于 0.1 mm，测量仪器或工件必须沿着基准轴线方向并相对于公共基准轴线 A-B 移动
	端面全跳动		公差带是距离为公差值 t，且与基准轴线垂直的两平行平面之间的区域	当被测要素绕基准轴线 A 做若干次旋转，同时测量仪器沿垂直于基准轴线方向做径向移动时，要求在被测要素上各点间的示值差不得大 0.05 mm

形状、方向、位置和跳动公差之间既有联系也有区别。有时不同的公差特征项目具有相同的公差带形状，例如，公差值前带有符号"∅"的轴线直线度、同轴度、垂直度和位置度，它们的公差带都是圆形区域；圆柱度和径向全跳动的公差带都是两个同轴圆柱之间的区域。有时一个公差特征项目会有多种不同的公差带形状，例如，直线度可以是两平行直线之间的区域、两平行平面之间的区域或圆柱体的区域。

一般来说，公差带的形状主要由被测要素的理想形状决定（有时还需考虑功能要求）。公差带的方位取决于被测要素相对于基准的方位和理论正确尺寸。公差带的大小则根据对被测要素的功能和几何精度要求来确定。

4.4 公差原则

尺寸公差用于控制零件的尺寸误差，保证尺寸精度；几何公差用于控制零件的几何误差，保证几何精度。尺寸精度和几何精度是影响零件质量的两个关键因素。通常，零件图样上会同时标注这两种精度要求。根据零件的使用要求，尺寸公差和几何公差可能独立存在，也可能相互影响或补偿。为了确保设计要求并正确判断零件是否合格，需要理解尺寸公差和几何公差之间的关系，公差原则就是处理这种关系的方法，也是处理几何公差与尺寸公差关系的基本原则。

4.4.1 术语及定义

1. 提取组成要素的局部尺寸

提取组成要素的局部尺寸是指组成要素上任意两对应点之间的距离，用 D_a、d_a 表示。提取组成要素的实际尺寸是指在实际要素的任意正截面上，测得的两对应点之间的距离，如图 4-15 所示。

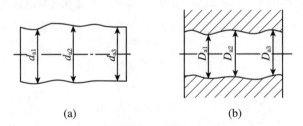

图 4-15 提取组成要素的实际尺寸

2. 最大实体尺寸(MMS)与最小实体尺寸(LMS)

确定要素最大实体状态的尺寸，称为最大实体尺寸，即外尺寸要素的上极限尺寸、内尺寸要素的下极限尺寸，分别用 D_M 和 d_M 表示。

$$d_{\mathrm{M}} = d_{\max}, \quad D_{\mathrm{M}} = D_{\min} \tag{4-1}$$

确定要素最小实体状态的尺寸,称为最小实体尺寸,即外尺寸要素的下极限尺寸、内尺寸要素的上极限尺寸,分别用 d_{L}、D_{L} 表示。

$$d_{\mathrm{L}} = d_{\min}, \quad D_{\mathrm{L}} = D_{\max} \tag{4-2}$$

3. 最大实体实效状态和最大实体实效尺寸

最大实体实效状态(MMVC):在给定长度上,实际要素处于最大实体状态,且其中心要素的形位误差等于给定的公差值 t 时的综合极限状态。

最大实体实效尺寸(D_{MV}、d_{MV})是最大实体实效状态下的体外作用尺寸。

$$d_{\mathrm{MV}} = d_{\mathrm{fe}} = d_{\mathrm{M}} + t = d_{\max} + t \tag{4-3}$$

$$D_{\mathrm{MV}} = D_{\mathrm{fe}} = D_{\mathrm{M}} - t = D_{\min} - t \tag{4-4}$$

4. 最小实体实效状态和最小实体实效尺寸

最小实体实效状态(LMVC):在给定长度上,实际要素处于最小实体状态,且其中心要素的形位误差等于给出的形位公差值时的综合极限状态。

最小实体实效尺寸(d_{LV}、D_{LV}):最小实体实效状态下的体内作用尺寸。

$$d_{\mathrm{LV}} = d_{\mathrm{L}} - t = d_{\min} - t \tag{4-5}$$

$$D_{\mathrm{LV}} = D_{\mathrm{L}} + t = D_{\max} + t \tag{4-6}$$

5. 边界和边界尺寸

设计给定的理想形状的极限包容面称为边界。边界尺寸是指该包容面的直径或距离。当包容面为圆柱面时,边界尺寸为直径;当包容面为两平行平面时,边界尺寸为距离。尺寸为最大实体尺寸的边界称为最大实体边界,显然其尺寸为最大实体尺寸。

最大实体边界(MMB):最大实体边界是最大实体状态下理想形状的极限包容面,其尺寸为最大实体尺寸。

最小实体边界(LMB):最小实体边界是最小实体状态下理想形状的极限包容面,其尺寸为最小实体尺寸。

最大实体实效边界(MMVB):具有理想形状且边界尺寸为最大实体实效尺寸的包容面。该边界的尺寸为最大实体实效尺寸。

最小实体实效边界(LMVB):具有理想形状且边界尺寸为最小实体实效尺寸的包容面。该边界的尺寸为最小实体实效尺寸。

单一要素的理想边界没有方向和位置的要求,而关联要素的理想边界必须与基准保持图样规定的几何关系。

4.4.2 公差原则

机械零件的同一被测要素既有尺寸公差要求,又有形位公差要求,处理两者之间关系的原则,称为公差原则。公差原则有独立原则和相关原则,其中相关原则又可分为包容要求、最大实体要求(及其可逆要求)和最小实体要求(及其可逆要求),如图 4-16 所示。

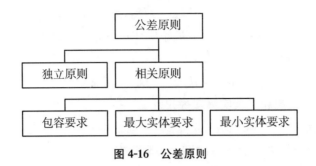

图 4-16 公差原则

1. 独立原则

独立原则是几何公差和尺寸公差不相干的公差原则,图样上的形位公差与尺寸公差分别给定,彼此独立相互无关,被测要素应分别满足各自公差要求。即尺寸公差只控制局部实际尺寸的变动量,不控制要素的形位误差;不论要素的实际尺寸大小如何,被测要素均应在给定的形位公差带内。遵循独立原则的尺寸公差和几何公差在图样上不加任何标记。独立原则一般用于非配合零件或对形状和位置要求严格而对尺寸精度要求相对较低的场合。

图 4-17 所示为遵循独立原则的零件标注示例,要求该零件的提取圆柱面的局部尺寸必须在上极限尺寸 ⌀20 mm 和下极限尺寸 ⌀19.97 mm 之间,其形状误差应在相应给定的形状公差带内,不论提取圆柱面的局部尺寸如何,其形状误差均允许达到给定的最大值。

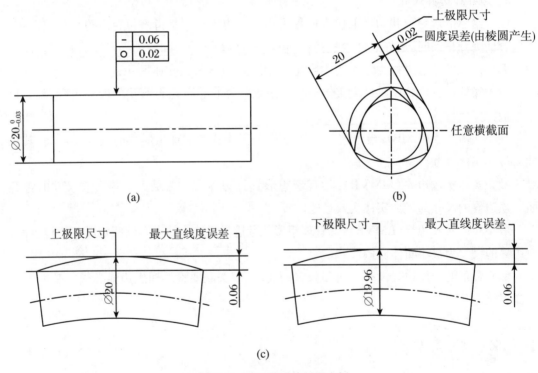

图 4-17 独立原则的适用实例

2. 相关原则

相关原则适用于图样上尺寸公差和形位公差之间有一定相关要求的情况。相关要求包括包容要求、最大实体要求(包括适用于最大实体要求的可逆要求)和最小实体要求(包括适用于最小实体要求的可逆要求)。

(1) 包容要求

包容要求是指提取组成(实际轮廓)要素不得超越最大实体边界,而提取局部尺寸不得超出最小实体尺寸,是指尺寸要素的非理想要素不得违反其最大实体边界(MMB)的一种尺寸要素要求。

应用包容要求时,在图样上尺寸极限偏差后或公差带代号后必须加注符号Ⓔ。遵守包容要求而对形状公差需要进一步要求时,可以另用框格注出形状公差。

包容要求的标注示例如图 4-18 所示,其实际尺寸及允许的形状误差如表 4-6 所示。

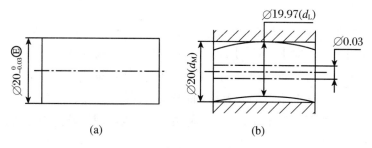

图 4-18 包容要求标注示例

表 4-6 实际尺寸及允许的误差

被测要素实际尺寸	允许的直线度误差
⌀20	⌀0
⌀19.99	⌀0.01
⌀19.98	⌀0.02
⌀19.97	⌀0.03

符合包容要求的被测实际要素的合格条件为:

对于孔(内表面):

$$\begin{cases} D_a - f \geqslant D_{\min} \\ D_{\min} \leqslant D_a \leqslant D_{\max} \end{cases} \tag{4-7}$$

对于轴(外表面):

$$\begin{cases} d_a + f \leqslant d_{\max} \\ d_{\min} \leqslant d_a \leqslant d_{\max} \end{cases} \tag{4-8}$$

以上两式中 D_a 和 d_a 分别表示孔与轴的实际尺寸;f 表示被测要素实际形状误差;$D_{\max}$ 和 $D_{\min}$ 分别表示孔的最大极限尺寸和最小极限尺寸;$d_{\max}$ 和 $d_{\min}$ 分别表示轴的最大极限尺寸和最小极限尺寸。

综上所述,包容要求的实质是当要素的实际尺寸偏离最大实体尺寸时,允许其形状误差增大的一种补偿关系,并且具有如下特点:

① 实际要素的体外作用尺寸不得超出最大实体尺寸。

② 当要素的实际尺寸处处为最大实体尺寸时,不允许有任何形状误差。

③ 当要素的实际尺寸偏离最大实体尺寸时,其偏移量补偿给形状误差。

④ 要素的局部实际尺寸不得超出最小实体尺寸。

包容要求仅用于形状公差,主要应用于有配合要求且其极限间隙或过盈必须严格得到保证的场合。应用包容要求时,图样上可以只给出尺寸公差,但这种公差具有双重职能,即综合控制要素的实际尺寸变动量和形状误差的职能。如果实际要素达到最大实体状态,就不得有任何形状误差;只有在实际要素偏离最大实体状态时,才允许存在与偏离量相关的形状误差。

(2) 最大实体要求(MMR)

最大实体要求是指尺寸组成(轮廓)要素的非理想要素不得超越其最大实体实效边界,即零件要素应用最大实体要求时,要求提取组成(实际)要素遵守最大实体实效边界,即要求其提取组成要素处处不得超越该边界。当其提取(实际)局部尺寸偏离最大实体尺寸时,允许其几何误差值超出图样上给定的公差值,而提取(实际)局部尺寸应在最大实体尺寸与最小实体尺寸之间。它既可应用于注有公差的被测要素,也可用于基准中心要素,或同时应用于被测要素与基准要素。

① 最大实体要求的标注方法

最大实体要求的符号为"Ⓜ"。当最大实体要求应用于被测要素时,应在被测要素几何公差框中的公差值后标注符号"Ⓜ",如图 4-19(a)所示;用于基准中心要素时,应在公差框格中相应的基准字母代号后标注符号"Ⓜ",如图 4-19(b)所示;当最大实体要求同时应用于被测要素和基准要素时,应标注为如图 4-19(c)所示。当给出的几何公差值为零时,称为最大实体要求的零形位公差,并以"0 Ⓜ"表示。

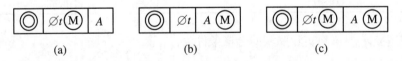

图 4-19 最大实体要求的标注方法

② 最大实体要求应用于被测要素

对图 4-20(a)所示零件的技术要求:

a. 该轴的实际轮廓必须位于尺寸为 $\varnothing 35.1$ mm(d_{MV})的最大实体实效边界内。轴的局部实际尺寸必须在 $\varnothing 35$ mm 与 $\varnothing 34.9$ mm 之间。

b. 图上给定的轴线直线度公差值 $\varnothing 0.1$ mm 是该轴处于最大实体状态时给定的,当实际轴偏离最大实体状态时,其直线度误差可以增大。

c. 直线度误差能够增大多少,取决于被测轴偏离最大实体状态的程度。当实际轴为最小实体尺寸时,允许的最大直线度误差为 $\varnothing 0.2$ mm(图上给定的形位值与尺寸公差之和),轴的直线度公差在 $\varnothing 0.1$ mm ~ $\varnothing 0.2$ mm 之间变化,如图 4-20(c)所示。

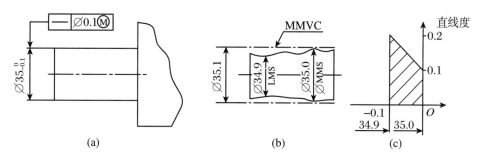

图 4-20 最大实体要求应用于被测要素技术要求

③ 最大实体要求应用于基准要素

最大实体要求应用于基准要求时,应在基准字母之后加注符号Ⓜ,如图 4-21 所示。

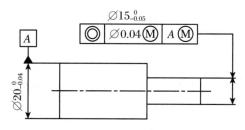

图 4-21 最大实体要求应用于基准要素

基准要素所遵循的边界分为下列两种情况:

a. 基准要素自身采用最大实体要求时,其边界为最大实体实效边界。

b. 基准要素自身采用独立原则或包容要求时,其边界为最大实体边界。

图 4-21 所示为一阶梯轴,其被测轴和基准轴均应用最大实体要求,故被测轴遵循最大实体实效边界,而基准轴自身采用独立原则,故基准轴遵守最大实体边界。

a. 被测轴遵守最大实体实效边界($d_{MV} = \varnothing 15.04$ mm)。

b. 基准轴自身采用独立原则,故基准轴遵守最大实体边界($d_M = \varnothing 20$ mm)。

c. 当被测轴与基准轴均为 d_M 时,其同轴度公差为 $\varnothing 0.04$ mm(图上给定值);当基准轴为 d_M,而被测轴为 d_L 时,此时被测轴实际尺寸偏离 d_M,其偏离量为 $\varnothing 0.05$ mm($\varnothing 15 - \varnothing 14.95$),该偏离量可补偿给同轴度,此时同轴度允许误差可达 $\varnothing 0.09$ mm($\varnothing 0.04 + \varnothing 0.05$)。

d. 当被测轴与基准轴均为 d_L 时,由于基准实际尺寸偏离了 d_M,因而基准轴轴线可有一浮动量,为 $\varnothing 0.03$ mm($\varnothing 20 - \varnothing 19.97$),即基准轴轴线可在 $\varnothing 0.03$ mm 范围内浮动。由于基准轴线可浮动,实质上使被测轴的同轴度误差可得到补偿,此时同轴度允许误差可达 $\varnothing 0.12$ mm($\varnothing 0.04 + \varnothing 0.05 + \varnothing 0.03$)。

最大实体要求仅用于中心要素,目的是保证装配互换。

④ 最大实体要求的零几何公差

当被测要素处于最大实体状态时,其中心要素对基准的几何公差为零,即不允许有几何误差。只有当被测要素的实际尺寸偏离最大实体尺寸时,才允许其中心要素对基准有几何误差。最大实体要求的零几何公差是最大实体要求的一种特殊情况,即其几何公差框格第二格值为零。

如图 4-22 所示,零件采用最大实体要求的零几何公差,其边界是直径为 $\varnothing 40$ mm(d_M)且与基准平面 A 垂直的最大实体边界。当被测轴为 $\varnothing 40$(d_M)时,其垂直度公差为 0。

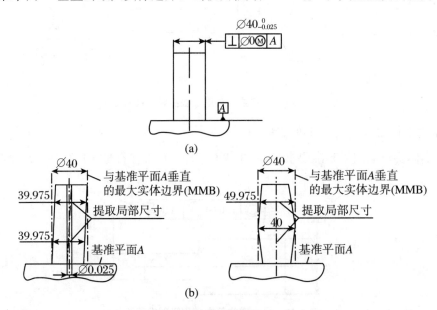

图 4-22 最大实体要求的零几何公差

当被测轴实际尺寸偏离 d_M 时,允许有一定的垂直度误差,允许的垂直度误差等于被测轴的尺寸偏差。当被测轴为 $\varnothing 39.975$ mm(d_L)时,其垂直度公差为 $\varnothing 0.025$ mm(轴的尺寸公差)。

⑤ 最大实体要求的合格条件

符合最大实体要求的被测实际要素的合格条件为:

对于孔(内表面):

$$\begin{cases} D_a - f \geqslant D_{\min} - t \\ D_{\min} \leqslant D_a \leqslant D_{\max} \end{cases} \tag{4-9}$$

对于轴(外表面):

$$\begin{cases} d_a + f \leqslant d_{\max} + t \\ d_{\min} \leqslant d_a \leqslant d_{\max} \end{cases} \tag{4-10}$$

以上两式中 D_a 和 d_a 分别表示孔与轴的实际尺寸;f 表示被测要素实际形状误差;$D_{\max}$ 和 $D_{\min}$ 分别表示孔的最大极限尺寸和最小极限尺寸;$d_{\max}$ 和 $d_{\min}$ 分别表示轴的最大极限尺寸和最小极限尺寸;t 表示几何形位公差。

(3) 最小实体要求(LMR)

最小实体要求是指被测要素实际轮廓处处不得超出最小实体实效边界,当其实际尺寸偏离最小实体尺寸时,允许其几何误差超出图样上给定的公差值,而其局部实际尺寸必须在最大实体尺寸与最小实体尺寸之间。它既可以应用于被测要素,也可以应用于基准中心要素。最小实体要求是与最大实体要求相对应的另一种相关要求。

① 最小实体要求的标注方法

最小实体要求用于注有公差的要素时,应在导出要素的几何公差值后标注符号"Ⓛ",如图4-23(a)所示;应用于基准中心要素时,应在几何公差框格内相应的基准字母代号后标注符号"Ⓛ",如图4-23(b)所示;当最小实体要求同时应用于被测要素和基准要素时,应标注为如图4-23(c)所示。当给出的几何公差值为零时,称为最小实体要求的零形位公差,以"0Ⓛ"表示。

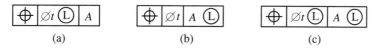

图 4-23　最小实体要求的标注方法

② 最小实体要求应用于被测要素

最小实体要求用于提取组成要素时,提取组成要素应遵守最小实体实效边界(LMVB),即被测要素的提取(实际)轮廓处处不得超越最小实体实效边界,且提取组成要素的局部尺寸在最大与最小实体尺寸之间。

图4-24(a)所示零件为了保证侧面与孔外缘之间的最小壁厚,孔$\varnothing 10^{+0.25}_{0}$轴线相对零件侧面的位置度公差采用了最小实体要求。

a. 当孔径为$\varnothing 10.25$ mm(D_L)时,允许的位置度误差为$\varnothing 0.4$ mm(给定值),其最小实体实效边界是直径为$\varnothing 10.65$ mm(D_{LV})的理想圆,如图4-24(b)所示。

b. 当实际孔径偏离D_L时,孔的实际轮廓与控制边界(最小实体实效边界)之间会产生一间隙量,从而允许位置度公差增大。当实际孔径为$\varnothing 10$ mm(D_M)时,位置度公差可增大至$\varnothing 0.65$ mm($\varnothing 0.40 + \varnothing 0.25$),如图4-24(c)所示。

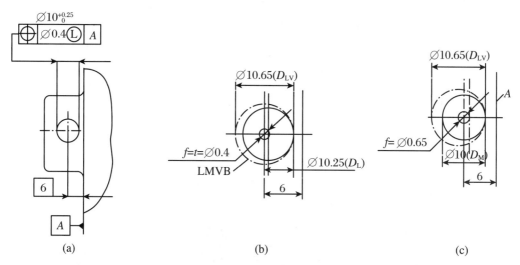

图 4-24　最小实体要求应用于被测要素

当提取组成要素的实际轮廓偏离最小实体尺寸时,允许其几何误差超出在最小实体状态下给出的公差值。几何公差值是被测要素在最小实体状态下给定的,当提取实际要素为最大实体状态时,几何公差达到最大值。最小实体要求仅用于中心要素,目的是保证零件的最小壁厚和设计强度。

③ 最小实体要求的合格条件

符合最小实体要求的被测实际要素的合格条件为:

对于孔(内表面)

$$\begin{cases} D_a + f \leqslant D_{max} + t \\ D_{min} \leqslant D_a \leqslant D_{max} \end{cases} \quad (4\text{-}11)$$

对于轴(外表面):

$$\begin{cases} d_a - f \geqslant d_{min} - t \\ d_{min} \leqslant d_a \leqslant d_{max} \end{cases} \quad (4\text{-}12)$$

以上两式中 D_a 和 d_a 分别表示孔与轴的实际尺寸;f 表示被测要素实际形状误差;D_{max} 和 D_{min} 分别表示孔的最大极限尺寸和最小极限尺寸;d_{max} 和 d_{min} 分别表示轴的最大极限尺寸和最小极限尺寸;t 表示几何形位公差。

(4) 可逆要求(RPR)

最大实体要求与最小实体要求均是实际尺寸偏离最大实体尺寸或最小实体尺寸时,允许其几何误差值增大,即可获得一定的补偿量,而实际尺寸受其极限尺寸控制,不得超出。可逆要求则是当几何误差值小于其给定公差值时,允许在满足零件功能要求的前提下扩大尺寸公差。但两者综合所形成的实际轮廓,仍然不允许超出其相应的控制边界。可逆要求是最大实体要求和最小实体要求的附加要求,表示尺寸公差可以在实际几何误差小于几何公差的范围内增大,即当被测要素的几何误差值小于给出的几何公差值时,允许在满足功能要求的前提下扩大尺寸公差。

可逆要求通常与最大实体要求和最小实体要求连用,不能独立使用。

① 可逆要求用于最大实体要求

被测要素的提取组成要素不得违反最大实体实效状态(MMVC)或最大实体实效边界(MMVB)。当被测要素的几何误差值小于给出的几何公差值时,在不影响零件功能的前提下,允许相应的尺寸公差增大。

可逆要求用于最大实体要求时,应在被测要素形位公差框格中的公差值后面标注双重符号:Ⓜ Ⓡ,如图 4-25(a)所示。

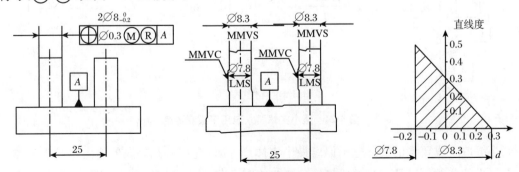

图 4-25 可逆要求用于最大实体要求

如图 4-25 所示,若两柱销均为最小实体状态,则其轴线位置度公差允许达到的最大值为轴线位置度公差(0.3 mm)与销的尺寸公差(0.2 mm)之和,即 0.5 mm;当两柱销各自处于最大实体状态与最小实体状态之间时,其轴线位置度公差在 0.3~0.5 mm 范围内变化。

考虑到可逆要求(RPR),如果两柱销的轴线位置度误差小于给定的公差(0.3 mm),则允许两柱销的尺寸公差大于 0.2 mm。换句话说,如果轴线位置度误差小于 0.3 mm,其提取要素各处的局部直径可以大于它们的最大实体尺寸(ϕ8 mm)。

② 可逆要求用于最小实体要求

被测要素的提取组成要素必须符合最小实体实效状态(LMVC)或最小实体实效边界(LMVB)。当被测要素的几何误差值小于给定的几何公差值时,在不影响零件功能的前提下,允许相应的尺寸公差增大。

当应用可逆要求于最小实体要求时,应在被测要素几何公差框格中的公差值后面标注双重符号:Ⓛ Ⓡ。如图 4-26 所示,内尺寸要素的提取要素不得违反其最小实体实效状态(LMVC),其直径为 LMVS = 45.2 mm;各处的局部直径应大于 MMS = 45.0 mm,可逆要求(RPR)允许其局部直径从 LMS = 45.1 mm 增大至 LMVS = 45.2 mm。

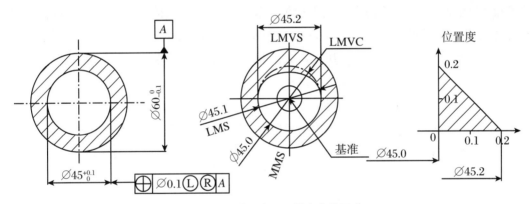

图 4-26 可逆要求用于最小实体要求

轴线的位置度公差是在最小实体实效状态时确定的。当内孔处于最大实体状态时,其轴线的位置度误差允许达到的最大值可为轴线位置度公差与内尺寸要素尺寸公差之和,即 ϕ0.2 mm;当外尺寸要素处于最小实体状态与最大实体状态之间时,其轴线位置度公差在 0.1~0.2 mm 内变化。轴线位置度误差小于公差值(ϕ0.1 mm)时,内孔的尺寸公差允许大于 0.1 mm,即提取要素各处的局部直径均可大于其最小实体尺寸(ϕ45.1 mm);如果其轴线位置度误差为零,则其局部直径允许增大至 ϕ45.2 mm。

4.5 几何公差的选择

几何公差的选择总原则是在确保零件功能的前提下选取最经济的公差值。正确选择几何公差对于保证机器的功能要求和提高经济效益至关重要。几何公差的选择包括几何公差项目的选定、基准要素的选择、几何公差值的确定以及公差原则的应用。

4.5.1 几何公差项目的选择

几何公差项目的选择原则是根据要素的几何特征、结构特点以及零件的使用要求,同时考虑检测的方便和经济效益。

形状公差项目的选择主要根据要素的几何形状特征确定,要素的几何特征是选择单一公差项目的基本依据。例如,要控制平面的形状误差时,应选择平面度;要控制圆柱面的形状误差时,应选择圆度或圆柱度。

位置公差项目是根据要素之间的几何方位关系确定的,关联要素的公差项目应以其与基准之间的几何方位关系为基本依据。例如,对于轴线和平面,可以规定定向和定位公差;对于点,则只能规定位置度公差;而对于回转类零件,则可以规定同轴度公差和跳动公差。

由于零件的功能要求各不相同,因此对几何公差的要求也会有所不同。举例来说,对于减速器转轴的两个轴颈,它们在功能上扮演着转轴在减速器箱体上的安装基准的角色,因此,在要求它们同轴的情况下,可以规定对它们公共轴线的同轴度公差或径向圆跳动公差。

考虑检测的便利性,有时可以用控制效果相同或相近的公差项目来代替所需的公差项目。举例来说,当要素是一圆柱面时,理想的项目是圆柱度,但由于圆柱度的检测不方便,因此可以选择圆度、直线度和素线平行度等项目来进行控制。另外,径向圆跳动可以综合控制圆度和同轴度误差,而径向圆跳动的检测简单易行,因此,在不影响设计要求的前提下,可以尽量选择径向圆跳动公差项目。

4.5.2 基准要素的选择

基准是确定关联要素间方向和位置的依据。在选择位置公差项目时,需要正确选用基准。选择基准时,一般应从以下几方面考虑:

(1) 根据零件各要素的功能要求,一般以主要配合表面,如轴颈、轴承孔、安装定位面、重要的支承面等作为基准,如轴类零件,常以两个轴承为支承运转,其运动轴线是安装轴承的两轴颈共有的轴线,因此,从功能要求来看,应选这两处轴颈的公共轴线(组合基准)为基准。

(2) 根据装配关系应选零件上相互配合、相互接触的定位要素作为各自的基准。如盘、套类零件,一般是以其内孔轴线径向定位装配或以其端面轴向定位,因此根据需要可选其轴线或端面作为基准。

(3) 根据加工定位的需要和零件结构,应选择较宽大的平面、较长的轴线作为基准,以使定位稳定。对结构复杂的零件,一般应选三个基准面,根据对零件使用要求影响的程度,确定基准的顺序。

(4) 根据检测的方便程度,应选择在检测中装夹定位的要素为基准,并尽可能将装配基准、工艺基准与检测基准统一起来。

4.5.3 几何公差值的选择

国家标准对位置度公差没有划分等级,仅规定了公差值系数。而圆度、圆柱度等几何公差则分为 0 级至 12 级,其中 0 级为最严格。其他几何公差的等级范围为从 1 级到 12 级。各公差各个等级的公差值可参考表 4-7 至表 4-10。

表 4-7 直线度、平面度

主参数 L/mm	公差等级											
	1	2	3	4	5	6	7	8	9	10	11	12
	公差值/μm											
≤10	0.2	0.4	0.8	1.2	2	3	5	8	12	20	30	60
>10~16	0.25	0.5	1	1.5	2.5	4	6	10	15	25	40	80
>16~25	0.3	0.6	1.2	2	3	5	8	12	20	30	52	100
>25~40	0.4	0.8	1.5	2.5	4	6	10	15	25	40	60	120
>40~63	0.5	1	2	3	5	8	12	20	30	50	80	150
>63~100	0.6	1.2	2.5	4	6	10	15	25	40	60	100	200
>100~160	0.8	1.5	3	5	8	12	20	30	50	80	120	250
>160~250	1	2	4	6	10	15	25	40	60	100	150	300
>250~400	1.2	2.5	5	8	12	20	30	50	80	120	200	400
>400~630	1.5	3	6	10	15	25	40	60	100	150	250	500

表 4-8 圆度、圆柱度

主参数 $d(D)$/mm	公差等级												
	0	1	2	3	4	5	6	7	8	9	10	11	12
	公差值												
≤3	0.1	0.2	0.3	0.5	0.8	1.2	2	3	4	6	10	14	25
>3~6	0.1	0.2	0.4	0.6	1	1.5	2.5	4	5	8	12	18	30
>6~10	0.12	0.25	0.4	0.6	1	1.5	2.5	4	6	9	15	22	36
>10~18	0.15	0.25	0.5	0.8	1.2	2	3	5	8	11	18	27	43
>18~30	0.2	0.3	0.6	1	1.5	2.5	4	6	9	13	21	33	52
>30~50	0.25	0.4	0.6	1	1.5	2.5	4	7	11	16	25	39	62
>50~80	0.3	0.5	0.8	1.2	2	3	5	8	13	19	30	46	74
>80~120	0.4	0.6	1	1.5	2.5	4	6	10	15	22	35	54	87
>120~180	0.6	1	1.2	2	3.5	5	8	12	18	25	40	63	100
>180~250	0.8	1.2	2	3	4.5	7	10	14	20	29	46	72	115

表 4-9 平面度、垂直度、倾斜度

主参数 L、$d(D)$/mm	公差等级											
	1	2	3	4	5	6	7	8	9	10	11	12
	公差值/μm											
≤10	0.4	0.8	1.5	3	5	8	12	20	30	50	80	120
>10~16	0.5	1	2	4	6	10	15	25	40	60	100	150
>16~25	0.6	1.2	2.5	5	8	12	20	30	50	80	120	200
>25~40	0.8	1.5	3	6	10	15	25	40	60	100	150	250
>40~63	1	2	4	8	12	20	30	50	80	120	200	300
>63~100	1.2	2.5	5	10	15	25	40	60	100	150	200	400
>100~160	1.5	3	6	12	20	30	50	80	120	200	300	500
>160~250	2	4	8	15	25	40	60	100	150	250	400	600
>250~400	2.5	5	10	20	30	50	80	120	200	300	500	800
>400~630	3	6	12	25	40	60	100	150	250	400	600	1000
>630~1000	4	8	15	30	50	80	120	200	300	500	800	1200

表 4-10 同轴度、对称度、圆跳动和全跳动

主参数 $d(D)$、B、L/mm	公差等级											
	1	2	3	4	5	6	7	8	9	10	11	12
	公差值/μm											
≤1	0.4	0.6	1.0	1.5	2.5	4	6	10	15	25	40	60
>1~3	0.4	0.6	1.0	1.5	2.5	4	6	10	20	40	60	120
>3~6	0.5	0.8	1.2	2	3	5	8	12	25	50	80	150
>6~10	0.6	1	1.5	2.5	4	6	10	15	30	60	100	200
>10~18	0.8	1.2	2	3	5	8	12	20	40	80	120	250
>18~30	1	1.5	2.5	4	6	10	15	25	50	100	150	300
>30~50	1.2	2	3	5	8	12	20	30	60	120	200	400
>50~120	1.5	2.5	4	6	10	15	25	40	80	150	250	500
>120~250	2	3	5	8	12	20	30	50	100	200	300	600
>250~500	2.5	4	6	10	15	25	40	60	120	250	400	800
>500~800	3	5	8	12	20	30	50	80	150	300	500	1000
>800~1250	4	6	10	15	25	40	60	100	200	400	600	1200

对于公差值,还应考虑以下几方面的要求:

(1) 同一要素上给定的形状公差值应小于位置公差值。如同一平面上,平面度公差值应小于该平面基准的平行度公差值。形状公差、方向公差、位置公差三者之间公差值应满足:形状公差＜方向公差＜位置公差。

(2) 圆柱形零件的形状公差值(轴的直线度除外)一般情况下应小于其尺寸公差。圆度、圆柱度公差值小于同级尺寸公差值的 1/3,因而可按同级选取。如尺寸公差为 IT6,则圆度、圆柱度公差通常也选为 6 级。平行度公差值应小于其相应的距离公差值。

(3) 对于特殊情况,考虑到加工难易程度和除主要参数外其他参数的影响,在满足零件功能要求的前提下,可适当降低 1~2 级,如孔相对于轴、细长的轴和孔、距离较大的轴和孔、宽度较大(一般小于 1/2 长度)的零件表面,以及线对线和线对面相对于面对面的平行度、垂直度公差。

(4) 选用形状公差等级时,还应注意协调形状公差与表面粗糙度之间的关系。通常情况下,对于单一平面的形状公差,通常表面粗糙度 R_a 值占形状公差的 20%~25%。

4.5.4 公差原则的选择

在选择公差原则时,需考虑被测要素的功能需求,以及公差的作用和使用该原则的可行性与经济性。表 4-11 提供了常用公差原则的应用场景,供参考选择。

表 4-11 公差原则选择参照表

公差原则	应用场合	示 例
独立原则	尺寸精度与形位精度需要分别满足	齿轮箱体孔的尺寸精度和两孔轴线的平行度,滚动轴承内、外圈滚道的尺寸精度与形状精度
	尺寸精度与形位精度相差过大	冲模架的下模座尺寸精度要求不高,平行度要求较高;滚筒类零件尺寸精度要求很低,形状精度要求较高
	尺寸精度与形位精度无联系	齿轮箱体孔的尺寸精度与孔轴线间的位置精度,发动机连杆上的尺寸精度与孔轴线间的位置精度
	保证运动精度	导轨的形状精度要求严格,尺寸精度要求次要
	保证密封性	气缸套的形状精度要求严格,尺寸精度要求次要
	未注公差	凡未注尺寸公差与未注形位公差的都采用独立原则,例如退刀槽、倒角等
包容要求	保证配合性质	配合的孔与轴采用包容要求时,可以保证配合的最小间隙或最大过盈。常作为基准使用的孔、轴类零件
	尺寸公差与形位公差间无严格比例关系要求	一般的孔与轴配合,只要求作用尺寸不超过最大实体尺寸、局部实际尺寸不超过最小实体尺寸
	保证关联作用尺寸不超过最大实体尺寸	关联要素的孔与轴的性质要求,标注"0 Ⓥ"

续表

公差原则	应用场合	示例
最大实体要求	被测中心要素	保证自由装配,如轴承盖上用于穿过螺钉的通孔,法兰盘上用于穿过螺栓的通孔,使制造更经济
	基准中心要素	基准轴线或中心平面相对于理想边界的中心允许偏离时,如同轴度的基准轴线
最小实体要求	中心要素	用于满足临界值的设计,以控制最小壁厚,保证最低强度

4.6 几何误差评定与测量

4.6.1 形状误差的评定

几何误差是指被测提取要素与其拟合要素(即理想要素)之间的偏差量。如果被测提取要素完全位于几何公差带内,则认为是合格的,否则不合格。

形状误差是指被测提取要素对其拟合要素的变动量,拟合要素的位置应符合最小条件。

为了确保对提取要素几何误差评定结果的一致性,国家标准规定了拟合要素的位置应符合"最小条件"。这意味着被测提取要素相对于其拟合要素的位置应调整至使得其最大变动量最小化,从而确保评定结果的唯一性。最小条件可分为两种情况:

(1) 组成要素(线、面轮廓度除外)。在评定给定平面内的直线度误差时,最小条件要求拟合要素位于实体之外,与被测提取要素接触,并使被测提取要素对拟合要素的最大变动量为最小。在图 4-27(a)中,与被测提取要素接触的理想直线有多个不同方向的可能,如 A_1B_1、A_2B_2、A_3B_3,对应的直线度误差值分别为 h_1、h_2、h_3。在这些理想直线中,必须且只有一条理想直线满足最小条件。本例中,理想直线应选择 A_1B_1,它符合最小条件,即被测直线的直线度误差值,其值小于或等于给定的直线度公差值。

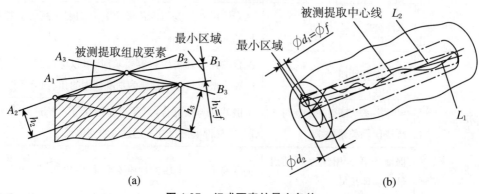

图 4-27 组成要素的最小条件

(2) 导出要素。导出要素包括轴线、中心线、中心平面等，它们的最小条件是拟合要素位于被测提取导出要素之中，并确保提取导出要素对拟合要素的最大变动量最小。如图 4-27(b)所示，理想轴线为 L_1，其最大变动量 $d_1 = f$ 时符合最小条件。

形状误差值用最小包容区域（简称最小区域）的宽度或直径表示，这指的是在包容被测提取要素时，具有最小宽度或直径的包容区域。各误差项目的最小区域形状与各自的公差带形状一致，但宽度或直径由被测提取要素本身决定。这种按最小包容区域评定形状误差的方法称为最小区域法。

在满足零件功能要求的前提下，评定形状误差的基本原则是最小条件，在这种情况下，允许采用近似方法来评定形状误差。例如，常以两端点连线作为评定直线度误差的基准。虽然按近似方法评定的误差值通常大于最小区域法评定的误差值，但这样更能保证零件质量。当采用不同的评定方法所得到的测量结果存在争议时，应以最小区域法作为评定结果的仲裁依据。

对直线度误差的评定，采用最小包容区域法，以图 4-28 为例，当用两条平行直线包容被测提取直线时，被测提取直线上至少有高低相间的 3 个极点分别与这两条直线接触，这被称为相间准则。这两条平行直线之间的区域即为最小包容区域，其宽度即为直线度误差值。此外，直线度误差还可采用最小二乘法或两端点连线法进行评定。

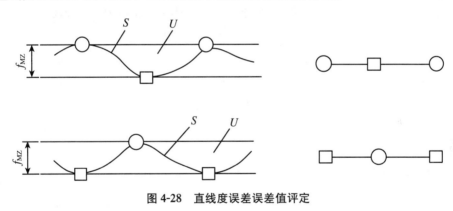

图 4-28　直线度误差误差值评定

4.6.2　方向误差的评定

方向误差是指被测提取要素对具有确定方向的拟合要素的变动量，拟合要素的方向由基准确定。方向误差值用方向最小包容区域（简称方向最小区域）的宽度或直径表示。方向最小包容区域是指按拟合要素的方向来包容被测提取要素，并具有最小宽度 f 或直径 d 的包容区域。各误差项目方向最小包容区域的形状分别和各自的公差带形状一致，但宽度或直径由被测提取要素本身决定。

方向误差包括平行度、垂直度和倾斜度三种。由于方向误差是相对于基准要素确定的，因此在评定方向误差时，在拟合要素相对于基准方向保持图样上给定的几何关系（如平行、垂直或倾斜某一理论正确角度）的前提下，应使被测提取要素对拟合要素的最大变动量为最小。

如图 4-29 所示，展示了直线的平行度、垂直度和倾斜度的方向最小包容区域示例。方向最小包容区域的宽度（或直径）即为方向误差值。

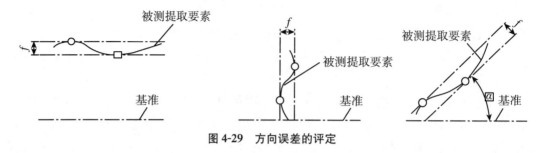

图 4-29 方向误差的评定

4.6.3 位置误差的评定

位置误差是指被测要素相对于具有确定位置的拟合要素的位移量，拟合要素的位置由基准和理论尺寸确定。对于同轴度和对称度，理论尺寸为零。

位置误差值用位置最小包容区域（简称位置最小区域）的宽度或直径来表示。位置最小区域是指以拟合要素定位并包容被测要素时，具有最小宽度或直径的包容区域。各误差项目的最小包容区域形状与各自的公差带形状一致，但宽度或直径由被测要素自身决定。

在评定位置误差时，需要在确定拟合要素位置的前提下，使被测要素到拟合要素的最大距离最小化，以确定位置最小包容区域。该区域应以拟合要素为中心，因此，被测要素与位置最小包容区域接触点到拟合要素位置的距离的两倍即为位置误差值。

评定位置误差的基准理论上应是理想的基准要素。由于实际基准要素存在形状误差，应使用该基准要素的拟合要素作为基准，并确保其位置符合最小条件。关于基准的建立和体现问题，可参考国家标准中的相关说明。当测量方向和位置误差时，在满足零件功能要求的前提下，可根据需要采用模拟方法体现被测要素，特别是提取导出要素，如图 4-30 所示。当用模拟方法测量被测要素时，如果实测范围与要求的范围不一致，两者之间的误差值可以按比例折算。

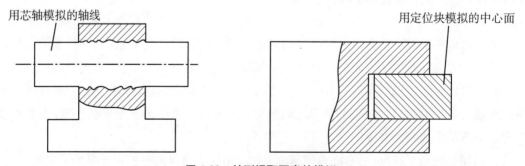

图 4-30 被测提取要素的模拟

应注意最小包容区域、方向最小包容区域和位置最小包容区域三者之间的差异。最小包容区域的方向和位置通常可以随被测要素的状态变化;方向最小包容区域的方向是固定不变的(由基准确定),但其位置可以随被测要素的状态变化;位置最小包容区域的位置除个别情况外是固定不变的(由基准和理论尺寸确定)。因此,评定形状、方向和位置误差的最小包容区域的大小通常是不同的,如图 4-31 所示,其关系为

$$f_{形状} < f_{方向} < f_{位置} \tag{4-13}$$

即位置误差包含了形状误差和同一基准的方向误差,方向误差包含了形状误差。当零件上某要素同时有形状、方向和位置精度要求时,则设计中对该要素所给定的三种公差($T_{形状}$、$T_{方向}$ 和 $T_{位置}$)应符合 $T_{形状} < T_{方向} < T_{位置}$,否则会产生矛盾。

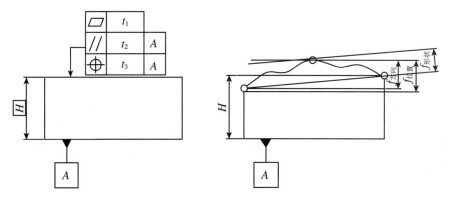

图 4-31 形状、方向和位置误差的评定

4.6.4 几何误差的检测

1. 几何误差的检测原则

随着被测零件的结构特点、尺寸大小、精度要求和生产批量的不同,其检测方法和设备也不同。即使同一几何公差项目,也可使用不同的检测方法进行检测。《产品几何量技术规范(GPS) 几何公差检测规定》对生产实际中行之有效的检测方法做了概括,从检测原理上归纳出五类检测原则,并提供了 100 余种检测方案以供参考。生产中可以根据被测对象的特点和有关条件,参照这些检测原则、检测方案,设计出最合理的检测方法。

(1) 与拟合要素比较原则

与拟合要素比较原则是指测量时将被测提取要素与其拟合要素做比较,从中获得测量数据,以评定被测要素的几何误差值。这些测量数据可由直接法或间接法获得。该检测原则应用最为广泛。

运用该检测原则时,必须要有理想要素作为测量时的标准。拟合要素通常用模拟方法获得,可用的模拟方法较多。如刀口尺的刀口、平尺的轮廓线及一束光线等,都可以作为拟合直线;平台或平板的工作面可体现拟合平面;回转轴系与测量头组合体现一个拟合圆;样板的轮廓等也都可作为理想要素。图 4-32(a)所示为用刀口尺测量直线度误差,就是以刀口作为拟合直线,被测要素与之比较,根据光隙(间隙)的大小来确定直线度误差值;图 4-32(b)是将实际被测平面与平板的工作面(模拟拟合平面)相比较,检测时用指示表测出各测点的

量值,然后按一定的规则处理测量数据,确定被测要素的平面度误差值。

(2) 测量特征参数原则

特征参数是指被测要素上能够直接反映几何误差变化的参数。测量特征参数的原则是通过测量被测要素上具有代表性的参数(特征参数)来评定几何误差值。例如,圆度误差通常反映在直径的变化上,因此可以将直径作为圆度的特征参数。用两点法测量圆柱面的圆度误差,就是在一个正截面的多个方向上测量直径的变化量,并取最大和最小直径差值的一半作为该截面的圆度误差值。显然,这不符合圆度误差的最小包容区域的定义,仅是圆度的近似值。所以应用该检测原则得到的几何误差值通常只是定义误差值的近似值。然而这种方法可以大大简化测量过程和设备,也不需要复杂的数据处理,因此在满足功能要求的前提下,由于其简便性,仍然具有一定的实用价值。这类方法在生产现场应用广泛。

　　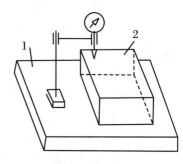

(a) 用刀口尺测量直线度误差　　(b) 用平板测量平面度误差

图 4-32　与理想要素比较示例

(3) 测量跳动原则

测量跳动原则是为测量圆跳动和全跳动而提出的检测方法,主要用于评估跳动误差。其测量方法是:在被测要素绕基准轴线旋转过程中,沿给定方向测量其相对于某参考点或线的变化量(即指示计的最大与最小示值之差)。

(4) 控制实效边界原则

控制实效边界原则是通过检验被测要素是否超出实效边界来判断其是否合格。该原则适用于包容要求和最大实体要求的场合。按照包容要求或最大实体要求给出的几何公差,实际上是设定了最大实体边界或最大实体实效边界,要求被测要素的实际轮廓不得超出该边界。采用控制实效边界原则的有效方法是使用光滑极限量规的通规或功能量规的工作表面来模拟图样上规定的理想边界,以检验被测要素的外形尺寸是否合格。如果被测要素的实际轮廓能够通过量规,则表示该要素几何公差合格,否则即为不合格。

在图 4-33(a)中,展示了一阶梯轴零件,其同轴度误差通过图 4-33(b)中展示的同轴度量规来检验。对于零件的被测要素,其最大实体实效边界尺寸为 $\varnothing 25.04$ mm,因此量规测量部分(模拟被测要素的最大实体实效边界)的孔径公称尺寸也应为 $\varnothing 25.04$ mm。零件的基准要素本身符合包容要求,其最大实体边界尺寸为 $\varnothing 50$ mm,因此量规定位部分孔的公称尺寸也应为 $\varnothing 50$ mm。显然,如果零件的被测要素和基准要素的实际轮廓都未超出图样规定的理想边界,它就能通过功能量规。量规本身制造公差的确定可参见相关标准。

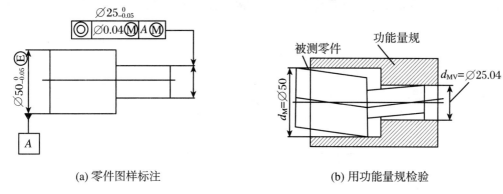

(a) 零件图样标注   (b) 用功能量规检验

图 4-33 阶梯轴零件及其检测

4.6.5 平行度与垂直度误差的测量

平行度和垂直度是用来描述物体表面平行度或垂直度好坏的指标。平行度描述表面各点与参考面的平行程度,垂直度描述表面各点与参考面的垂直程度。在制造工艺中,平行度和垂直度非常重要,因为它们直接影响产品的性能和质量。下面以一个实例来说明平行度和垂直度误差的测量。

1. 测量内容

(1) 工件——角座,如图 4-34 所示,其在图样上提出四个位置公差要求:

① 顶面对底面的平行度公差 0.15 mm。

② 两孔的轴线对底面的平行度公差 0.05 mm。

③ 两孔轴线之间的平行度公差 0.35 mm。

④ 侧面对底面的垂直度公差 0.20 mm。

(2) 量具——测量平板、芯轴、精密直角尺、塞尺、百分表、表架、外径游标卡尺等。

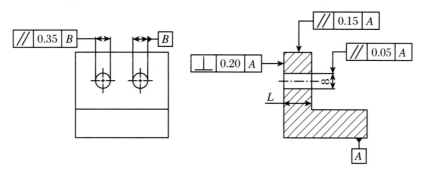

图 4-34 角座零件图

2. 检测步骤

(1) 按检测原则测量顶面对底面的平行度误差(见图 4-35)。将被测件放在测量平板上,以平板面作为模拟基准;调整百分表在支架上的高度,将百分表测量头与被测面接触,使百分表指针倒转 1~2 圈,固定百分表,然后在整个被测表面上沿规定的各测量线移动百分表支架,取百分表的最大与最小读数之差作为被测表面的平行度误差。

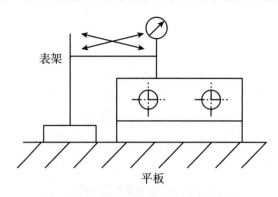

图 4-35　测量顶面对底面的平行度误差

(2) 按检测原则,测量两孔轴线对底面的平行度误差(见图 4-36)。用芯轴模拟被测孔的轴线,以平板模拟基准,按芯轴上的素线调整百分表的高度,并固定之(调整方法同步骤(1)),在距离为 L_1 的两个位置上测得两个读数 M_1 和 M_2,据之衡量平行度误差。

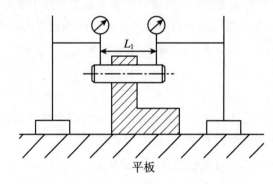

图 4-36　测量两孔轴线对底面的平行度误差

(3) 按检测比较原则,测量两孔轴线之间的平行度误差(见图 4-37)。用芯轴模拟两孔轴线,用游标卡尺在靠近孔口端面处测量尺寸 a_1 及 a_2,差值 $(a_1 - a_2)$ 即为所求平行度误差。

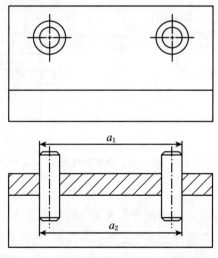

图 4-37　测量两孔轴线之间的平行度误差

(4) 按检测测量特征参数原则,测量侧面对底面的垂直度误差(见图 4-38)。用平板模拟基准,将精密直角尺的短边置于平板上,长边靠在被测侧面上,此时长边即为理想要素。用塞尺测量直角尺长边与被测侧面之间的最大间隙,测得值即为该位置的垂直度误差。移动直角尺,在不同位置重复上述测量,取最大误差值为该被测面的垂直度误差。

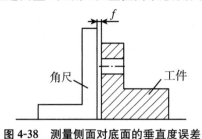

图 4-38 测量侧面对底面的垂直度误差

习　题

4-1　形位公差的基准有哪几种?
4-2　简述形状公差带的特点。
4-3　什么是公差原则?它包括哪些内容?
4-4　什么是最大实体状态?
4-5　简述独立原则的特点。
4-6　根据如图 4-39 所示图样填空。
(1) 被测要素采用的公差原则是_____。
(2) 最大实体尺寸是_____mm。
(3) 最小实体尺寸是_____mm。
(4) 最大实体实效尺寸是_____mm。
(5) 当该孔实际尺寸处处加工到$\varnothing 40$ mm 时,垂直度误差允许值是_____mm;当该孔实际尺寸处处加工到$\varnothing 40.039$ mm 时,垂直度误差允许值是_____mm。

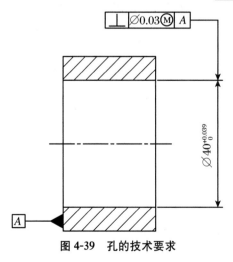

图 4-39 孔的技术要求

第 5 章　表面粗糙度及检测

表面粗糙度(surface roughness)是指加工表面具有的较小间距和微小峰谷的不平度。其两波峰或两波谷之间的距离(波距)很小(在 1 mm 以下),它属于微观几何形状误差。表面粗糙度越小,则表面越光滑。通常把波距小于 1 mm 尺寸的形貌特征归结为表面粗糙度,1~10 mm 尺寸的形貌特征定义为表面波纹度,大于 10 mm 尺寸的形貌特征定义为形状误差,如图 5-1 所示。

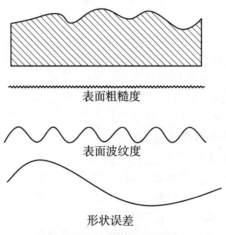

图 5-1　表面粗糙度的界定

表面粗糙度一般是由所采用的加工方法和其他因素所形成的,例如加工过程中刀具与零件表面间的摩擦、切屑分离时表面层金属的塑性变形以及工艺系统中的高频振动等。由于加工方法和工件材料的不同,被加工表面留下痕迹的深浅、疏密、形状和纹理都有差别。

表面粗糙度与机械零件的配合性质、耐磨性、疲劳强度、接触刚度、振动和噪声等有密切关系,对机械产品的使用寿命和可靠性有重要影响。

5.1　表面粗糙度的基本概念

5.1.1　术语及定义

1. 轮廓滤波器

表面轮廓平面与实际表面相交的轮廓,是一个含有不同波长的轮廓曲线。在实际表面上测得粗糙度、波纹度和原始轮廓度参数数值时用的仪器为轮廓滤波器。轮廓滤波器把轮廓分成长波成分和短波成分。在测量粗糙度、波纹度和原始轮廓度时,通常使用 3 种滤波器:λ_s 轮廓滤波器、λ_c 轮廓滤波器和 λ_f 轮廓滤波器。它们都具有规定的相同的传输特性,但截止波长不同。其中,λ_s 轮廓滤波器是确定存在于表面上的粗糙度与比它更短的波的成分之间相交界限的滤波器;λ_c 轮廓滤波器是确定粗糙度与波纹度成分之间相交界限的滤波器;而 λ_f 轮廓滤波器是确定存在于表面上的波纹度与比它更长的波的成分之间相交界限的滤波器。

2. 表面轮廓

表面轮廓可以分为原始轮廓、粗糙度轮廓和波纹度轮廓。原始轮廓是对实际轮廓应用短波长滤波器 λ_s 的总的轮廓;粗糙度轮廓是对原始轮廓应用 λ_c 轮廓滤波器抑制长波成分以后形成的轮廓;波纹度轮廓是对原始轮廓应用 λ_f 和 λ_c 以后形成的轮廓。λ_f 轮廓滤波器抑制长波成分,λ_c 轮廓滤波器抑制短波成分。

5.1.2 表面粗糙度评定规定

1. 粗糙度轮廓中线

轮廓中线是具有几何轮廓形状并划分轮廓的基准线,是用标称形式的线,穿过粗糙度轮廓,按最小二乘法拟合所确定的粗糙度轮廓上的点到该线距离的平方和最小的线,如图 5-2 所示。

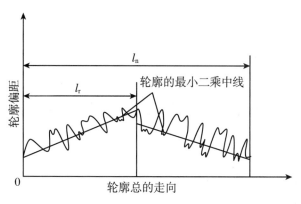

图 5-2 轮廓中线

2. 取样长度与评定长度

取样长度是指用于判别被评定轮廓的不规则特征,沿一定方向所取轮廓试样的长度,即测量和评定表面粗糙度时所规定的一段基准线长度,一般应包含 5 个以上的轮廓峰和轮廓谷,如图 5-3 中的 l_r。取样长度过长,表面粗糙度的测量值中可能会包含有表面波纹度的成分;取样长度过短,则不能客观地反映表面粗糙度的实际情况,因此取样长度应与表面粗糙度的大小相适应。

评定长度是指用于判别被评定轮廓的一定方向上的长度,它一般按 5 个取样长度来确

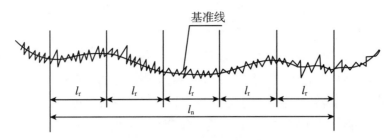

图 5-3 取样长度和评定长度

定,称为标准长度,如图 5-3 中的 l_n。也可取非标准长度,如果被测表面加工性较好(如车、铣、刨加工表面),可取 $l_n \geqslant 5l_r$;如果被测表面加工性较差(如磨、研磨加工表面),可取 $l_n \leqslant 5l_r$。

取样长度与表面粗糙度的大小以及评定长度之间的关系如表 5-1 所示。

表 5-1 取样长度和评定长度数值

轮廓的算术平均偏差 $R_a/\mu m$	轮廓的最大高度 $R_z/\mu m$	取样长度 l_r/mm	评定长度 $l_n(=5l_r)/mm$
$\geqslant 0.08 \sim 0.020$	$\geqslant 0.02 \sim 0.100$	0.08	0.4
$> 0.0.20 \sim 0.100$	$> 0.100 \sim 0.500$	0.25	1.25
$> 0.100 \sim 2.000$	$> 0.500 \sim 10.000$	0.8	4.0
$> 2.000 \sim 10.000$	$> 10.000 \sim 50.000$	2.5	12.5
$> 10.000 \sim 80.000$	$> 50.000 \sim 320.000$	8.0	40.0

5.2 表面粗糙度的评定参数

1. 轮廓的算术平均偏差 R_a

轮廓的算术平均偏差是指在一个取样长度内,纵坐标值 $Z(x)$ 绝对值的算术平均值,如图 5-4 所示。用公式表示为

$$R_a = \frac{1}{l_r} \int_0^b |Z(x)| \, dx \tag{5-1}$$

也可以近似为

$$R_a = \frac{1}{n} \sum_{i=1}^{n} |Z_i| \tag{5-2}$$

式中,Z 为轮廓偏距(轮廓上各点至基准线的距离),Z_i 为第 i 点的轮廓偏距($i=1,2,\cdots,n$)。

R_a 值越大,表面越粗糙。R_a 能客观地反映零件表面微观几何形状的特性,但因受到计

量器具精度的限制，不宜用作过于粗糙或太光滑表面的评定参数，仅适用于 R_a 值为 0.025~6.3 μm 的表面。轮廓的算术平均偏差 R_a 的参数值如表 5-2 所示。

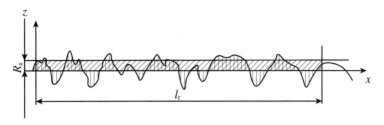

图 5-4　轮廓算术平均偏差 R_a 的确定

表 5-2　轮廓的算术平均偏差 R_a 的数值

单位：μm

R_a	0.012	0.2	3.2	50
	0.025	0.4	6.3	100
	0.05	0.8	12.5	—
	0.1	1.6	25	—

2. 轮廓的最大高度 R_z

R_z 是指在一个取样长度内，最大轮廓峰高 Z_p 和最大轮廓谷深 Z_v 的和，如图 5-5 所示。用公式表示为

$$R_z = Z_p + Z_v \tag{5-3}$$

R_z 值越大，也表明表面越粗糙，但它对表面粗糙度程度的反映不如 R_a 客观。轮廓的最大高度 R_z 的数值如表 5-3 所示。

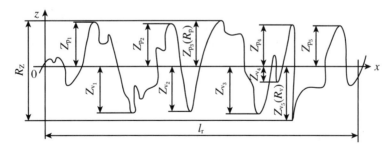

图 5-5　轮廓的最大高度

表 5-3　轮廓的最大高度 R_z 的数值

单位：μm

R_z	0.025	0.4	6.3	100	1600
	0.05	0.8	12.5	200	—
	0.1	1.6	25	400	—
	0.2	3.2	50	800	—

3. 轮廓单元的平均宽度 R_{sm}

轮廓单元的宽度是含有一个轮廓峰（与中线有交点的峰）和相邻轮廓谷（与中线有交点的谷）的一段中线长度 X_{si}，如图 5-6 所示。轮廓单元的平均宽度 R_{sm} 是在一个取样长度 l_r 内，轮廓单元宽度 X_{si} 的平均值：

$$R_{sm} = \frac{1}{m}\sum_{i=1}^{m} X_{si} \tag{5-4}$$

式中，m 为取样长度内轮廓单元数。

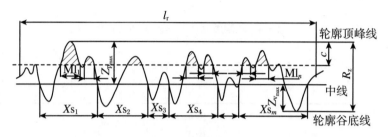

图 5-6 轮廓单元

4. 轮廓的支承长度率 $R_{mr}(c)$

轮廓实体材料长度 $\mathrm{Ml}(c)$ 是在一个给定水平位置 c 上用一条平行于 x 轴的线与轮廓单元相截所获得的各段截线长度 Ml_i 之和。轮廓的支承长度率是指在给定水平位置 c 上，轮廓的实体材料长度 $\mathrm{Ml}(c)$ 与评定长度的比率，如图 5-6 所示。

$$R_{mr}(c) = \frac{\mathrm{Ml}(c)}{l_n} \times 100\% \tag{5-5}$$

$$\mathrm{Ml}(c) = \mathrm{Ml}_1 + \mathrm{Ml}_2 + \cdots + \mathrm{Ml}_i + \cdots + \mathrm{Ml}_n \tag{5-6}$$

从图 5-6 可以看出，支撑长度率是随着水平截距的大小而变化的。

5.3 表面粗糙度技术要求在零件图上的标注方法

5.3.1 表面粗糙度的符号和代号

1. 表面粗糙度的符号

根据国家标准的规定，图样上表示零件表面粗糙度的符号有 5 种，如表 5-4 所示。

表 5-4 表面粗糙度特号

符 号	意 义 说 明
∨	基本符号,可用任何方法获得。当不加注粗糙度参数值或有关说明时,仅适用于简化代号标注
∇	基本符号加一短划,表示表面是用去除材料的方法获得的,如车、铣、钻、磨、电加工等
∨○	基本符号加一小圆,表示表面是用不去除材料的方法获得的,如铸、锻、冲压变形、热轧、粉末冶金等;或用于保持原供应状况的表面(包括保持上道工序的状况)
⌐∨ ⌐∇ ⌐∨○	在上述三个符号的长边上加一横线,用于标注有关参数和说明
∨○ ∇○ ∨○○	在上述三个符号上加一小圆,表示所有表面具有相同的表面粗糙度要求

2. 表面粗糙度的代号

当需要表示的加工表面对表面特征的其他规定有要求时,应在表面粗糙度符号的相应位置注上若干必要项目的表面特征规定。表面特征的各项规定在符号中的注写位置如图 5-7 所示。

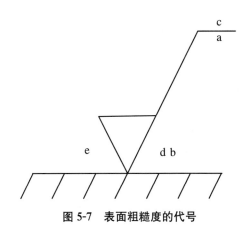

图 5-7 表面粗糙度的代号

图 5-7 中位置 a~e 分别注写以下内容:

(1) 位置 a 注写表面结构单一要求、粗糙度参数代号及其数值(单位为 μm)。按照如下顺序标注各项技术要求符号及相关数值：上、下限值符号/传输带数值/幅度参数符号/评定长度值/极限值判断规则。

（2）位置 b 注写第二个表面结构要求，附加评定参数（如 R_{sm}，单位为 mm）。

（3）位置 c 注写加工方法。

（4）位置 d 注写表面纹理和方向的符号。

（5）位置 e 注写加工余量（单位为 mm）。

3. 表面粗糙度标注规定

（1）极限值的标注

根据国家标准的规定，在完整图形符号上标注幅度参数极限值，其给定数值分为两种情况：

① 标注极限值中的一个数值且默认为上限值。

当只单向标注一个数值时，则默认它为幅度参数的上限值。图 5-8(a)表示去除材料，单向上限值，默认传输带，R 轮廓，粗糙度的算术平均偏差 R_a 为 1.6 μm，评定长度为 5 个取样长度，极限值判断规则默认为 16%；图 5-8(b)表示不去除材料，粗糙度的最大高度 R_z 为 3.2 μm，其他与图 5-8(a)相同。

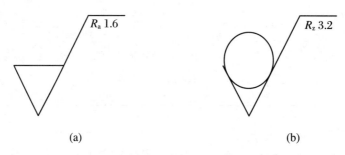

图 5-8　幅度参数值默认为上限值的标注

② 同时标注上、下限值。

需要同时标注幅度参数上、下限值时，则应分成两行标注幅度参数符号和上、下限值。上限值标注在上，并在传输带的前面加注符号"U"。下限值标注在下方，并在传输带的前面加注符号"L"。当传输带采用默认的标准化值而省略标注时，则在上方和下方幅度参数符号的前面分别加注符号"U"和"L"。标注示例见图 5-9（默认传输带，默认 $l_n = 5l_r$，默认 16% 规则）。

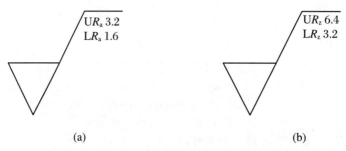

图 5-9　两个幅度参数分别为上、下限值的标注

(2) 表面纹理的标注

需要标注表面纹理及其方向时,应采用规定的符号,如图 5-10 所示。

图 5-10(a)表示纹理平行于视图所在的投影面。

图 5-10(b)表示纹理垂直于视图所在的投影面。

图 5-10(c)表示纹理呈两斜向交叉方向。

图 5-10(d)表示纹理呈多方向。

图 5-10(e)表示纹理呈近似同心圆且圆心与表面中心相关。

图 5-10(f)表示纹理是近似放射状且与表面中心相关。

图 5-10(g)表示纹理呈微粒、凸起、无方向。

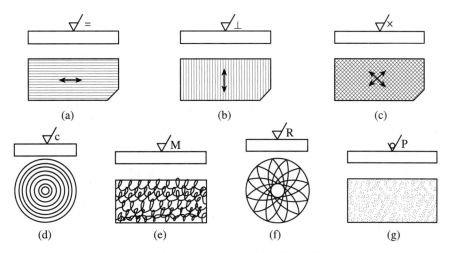

图 5-10　表面纹理及其方向标注示例

(3) 间距、形状特征参数的标注

需要标注 R_{sm}、$R_{mr}(c)$ 值时,将其符号注在加工纹理的旁边,数值写在代号的后面。示例见图 5-11。图中表示用磨削的方法得到的表面,幅度参数 R_a 上限值为 1.6 μm(采用最大原则),下限值为 0.2 μm(默认 16%规则),传输带皆采用 $\lambda_s = 0.008$ mm,$\lambda_c = l_r = 1$ mm,评定长度值采用默认的标准化值 5,附加了间距参数 $R_{sm} = 0.05$ mm,加工纹理垂直于视图所在的投影面。

(5) 加工余量的标注

零件图上标注的表面粗糙度轮廓技术要求都是针对完工表面的要求,因此不需要标注加工余量。对于有多道加工工序的表面,可以标注加工余量。如图 5-12 所示,示例表示车削工序的直径方向加工余量为 0.4 mm。

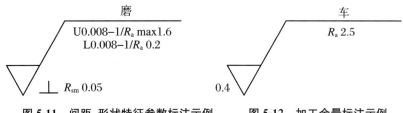

图 5-11　间距、形状特征参数标注示例　　图 5-12　加工余量标注示例

5.3.2 表面粗糙度在图样上的标注

每一加工面只能标注一次表面粗糙度要求,并且尽可能和尺寸公差标注在同一视图上,以便加工者能够更加直观地看到。除非另有说明,所标注的表面粗糙度是指零件加工完成后的表面粗糙度要求。在图样上标注表面粗糙度时应按以下几方面的要求标注。

1. 表面粗糙度的标注位置和方向

总体来说,表面粗糙度的标注和读取方向应与尺寸的标注和读取方向一致,符号的尖端必须从材料外指向被加工表面,如图 5-13 所示。

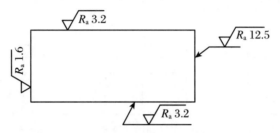

图 5-13 表面结构要求的注写方向

(1) 标注在轮廓线或指引线上

表面粗糙度要求一般标注在轮廓线上。必要时,也可以用带箭头或黑点的指引线引出标注,如图 5-14 所示。

(2) 标注在特征尺寸的尺寸线上

如果空间允许,为了幅面整齐,也可以将表面粗糙度标注在特征尺寸的尺寸线上,如图 5-15所示。

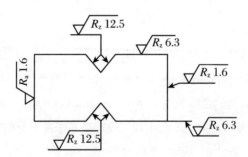

图 5-14 表面结构要求注写在轮廓线或指引线上

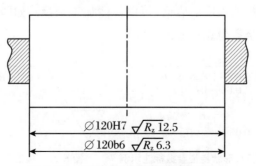

图 5-15 表面结构要求注写在尺寸线上

(3) 标注在几何公差框格的上方

表面粗糙度要求也可标注在几何公差框格的上方,如图 5-16 所示。

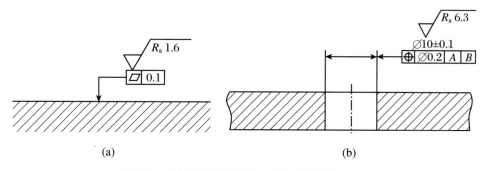

图 5-16　表面结构要求标注在几何公差框格的上方

(4) 标注在轮廓的延长线上

表面粗糙度要求可直接标注在轮廓的延长线上,或者用带箭头的指引线引出标注,如图 5-17、图 5-18 所示。

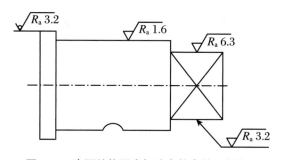

图 5-17　表面结构要求标注在轮廓的延长线上

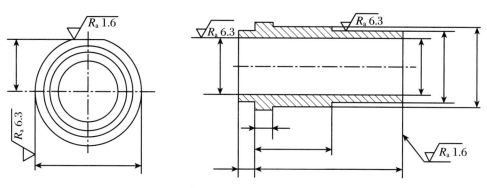

图 5-18　表面结构要求标注在圆柱表面上

2. 表面粗糙度的简化标注

当零件的某些表面(或多数表面)具有相同的技术要求时,对这些表面的技术要求可以用特定符号统一标注在零件图的标题栏附近,省略对这些表面的分别标注,如图 5-19 所示。

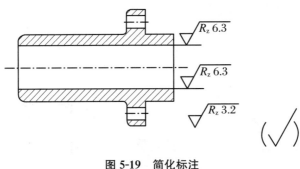

图 5-19 简化标注

5.4 表面粗糙度的选用

5.4.1 表面粗糙度轮廓评定参数的选用

1. 幅值参数的选择

表面粗糙度轮廓幅值参数选取的原则为：在机械零件精度设计时，可先选取幅度特征方面的参数。只有当幅值参数不能满足表面功能要求时，才选取附加参数作为附加项目。一般来说，零件表面粗糙度轮廓幅度参数值越小，它的工作性能就越好，使用寿命也越长，但不能不顾加工成本过分追求过小的幅度参数值。在满足零件功能要求的前提下，应尽量选用较大的幅度参数值，以获得最佳的技术经济效益。此外，零件运动表面过于光滑，不利于在该表面上储存润滑油，容易使运动表面间形成半干摩擦或干摩擦，从而加剧该表面的磨损。

在评定参数中，最常用的是 R_a，因为它能最完整、最全面地表征零件表面的特征，且 R_a 值可方便地用触针式轮廓仪进行测量，测量效率高，其测量范围为 $0.02 \sim 8~\mu m$。因此，对于光滑表面和半光滑表面，普遍采用 R_a 作为评定参数。

R_z 是反映最大高度的参数，通常用双管显微镜和干涉显微镜测量，其测量范围为 $0.1 \sim 60~\mu m$。R_z 只反映峰顶和谷底的若干个点，反映出的信息有局限性，不如 R_a 全面，且测量效率较低。采用 R_z 作为评定参数的原因是：一方面，受触针式轮廓仪功能的限制，不宜采用 R_a 衡量极光滑表面和粗糙表面，只能采用 R_z；另一方面，对测量部位小、峰谷少或有疲劳强度要求的零件表面，选用 R_z 作为评定参数更方便、可靠。

特别提示：就幅值参数而言，当表面要求耐磨性时，采用 R_a 较为合适；对于表面有疲劳强度要求的，采用 R_z 为好。另外，在仪表、轴承行业中，由于某些零件很小，难以取得一个规定的取样长度，用 R_a 有困难，采用 R_z 才具有实用意义。

2. 轮廓单元平均宽度参数 R_{sm} 的选用

零件所有表面都应选择幅度参数，只有在少数零件的重要表面有特殊使用要求时，才附加选择轮廓单元平均宽度参数 R_{sm} 等附加参数。

例如,表面粗糙度轮廓对表面的可涂漆性影响较大,汽车外壳的薄钢板,除去控制幅度参数 R_a(0.9~1.3 μm)外,还需进一步控制轮廓单元的平均宽度 R_{sm}(0.13~0.23 μm);深冲压钢板时,为使钢板和冲模之间有良好的润滑,避免冲压时引起裂纹,也要控制轮廓单元平均宽度 R_{sm}。

间距参数 R_{sm} 和混合参数 $R_{mr}(c)$ 仅附加选用于少数零件的有特殊要求的重要表面。例如,对密封性要求高的表面可规定 R_{sm},对耐磨性要求高的表面可规定 $R_{mr}(c)$。

5.4.2 表面粗糙度轮廓参数值的选用

表面粗糙度轮廓评定参数值选择的一般原则:在满足功能要求的前提下,尽量选用较大的表面粗糙度轮廓参数值,以便于加工,降低生产成本,获得较好的经济利益。

表面粗糙度轮廓评定参数值选用通常采用类比法。具体选择时应注意以下几点:

(1) 在同一零件上,工作表面通常比非工作表面的粗糙度要求严,$R_{mr}(c)$ 值应大,其余评定参数值应小。

(2) 对于摩擦表面,速度越高,单位面积压力越大,则表面粗糙度轮廓参数值应越小,尤其滚动摩擦表面应更小。

(3) 承受交变应力的表面,特别是在零件圆角、沟处,其粗糙度参数值应小。

(4) 对于要求配合性质稳定的小间隙配合和承受重载荷的过盈配合,它们的孔、轴的表面粗糙度轮廓参数值应小。

(5) 应与尺寸公差、形状公差协调。通常尺寸及形状公差小,表面粗糙度轮廓参数值也要小,同一尺寸公差的轴比孔的粗糙度参数值要小。

(6) 要求防腐蚀、密封性的表面及要求外表美观的表面,其粗糙度轮廓参数允许值应小。

此外,还应考虑其他一些特殊因素和要求。如凡有关标准已对表面粗糙度轮廓要求做出规定的(如轴承、量规、齿轮等),应按标准规定选取表面粗糙度轮廓数值,而且与标准件的配合面应按标准件要求标注。

国家标准对 R_a、R_z、R_{sm} 的推荐数值见表 5-5 至表 5-7,具体参数数值应优先选取推荐数值。此外,选用 $R_{mr}(c)$ 时给出截面高度 c 值可用 μm 或 R_z 的百分数表示,百分数系列如下:5%、10%、15%、20%、25%、30%、40%、50%、60%、70%、80%、90%。

表 5-5 R_a 的参数值

单位:μm

0.012	0.2	3.2	50
0.025	0.4	6.3	100
0.05	0.8	12.5	
0.1	1.6	25	

相应的取样长度 l_r，国家标准规定数值见表 5-8。

表 5-6　R_z 的参数值

单位：μm

0.025	0.4	6.3	100
0.05	0.8	12.5	200
0.1	1.6	25	400
0.2	3.2	50	800

表 5-7　轮廓单元平均宽度 R_{sm}

单位：mm

0.006	0.05	0.4	3.2
0.0125	0.1	0.8	6.3
0.025	0.2	1.6	12.5

表 5-8　取样长度 l_r 的数值

单位：mm

l_r	0.08	0.25	0.8	2.5	8	25

表 5-9　金属粗糙度参数值应用实例

	表面微观特征	$R_a/\mu m$	$R_z/\mu m$	加 工 方 法	应 用 举 例
粗糙表面	微见刀痕	≤20	≤80	粗车、粗刨、粗铣、钻、毛锉、锯断	半成品粗加工的表面，非配合加工表面，如端面、倒角、钻孔、齿轮带轮侧面、键槽底面、垫圈接触等
半光表面	可见加工刀痕	≤10	≤40	车、刨、铣、镗、钻、粗铰	轴上不安装轴承、齿轮处的非配合表面；紧固件的装配表面；轴荷孔的退刀槽
	微见加工痕迹	≤5	≤20	车、刨、铣、镗、磨、拉、粗刮、滚压	半精加工表面，箱体、支架、盖面套筒等和其他零件结合而无配合要求的表面；需要发蓝的表面等
	看不清加工痕迹	≤2.5	≤10	车、刨、铣、镗、磨、拉、粗刮、滚压	接近于精加工表面，箱体上安装轴承的镗孔面、齿轮的工作面等

续表

表面微观特征		$R_a/\mu m$	$R_z/\mu m$	加工方法	应用举例
光表面	可辨加工痕迹方向	≤1.25	≤6.3	车、镗、磨、拉、精铰、磨齿、滚压	圆柱销、圆锥销;与滚动轴承配合的表面;普通车床导轨面;内、外花键定心表面等
	微辨加工痕迹方向	≤0.63	≤3.2	精铰、精镗、磨、滚压	要求配合性质稳定的配合表面;工作时承受交变应力的重要零件;较高精度车床导轨面等
	不辨加工痕迹方向	≤0.32	≤1.6	精磨、研磨、珩磨	精密机床主轴锥孔、顶尖圆锥面;发动机曲轴、凸轮轴工作表面;高精度齿轮齿面等
极光表面	暗光泽面	≤0.16	≤0.8	精磨、研磨、普通抛光	精密机床主轴颈表面,一般量规工作表面,汽车套内表面,活塞销表面等
	亮光泽面	≤0.08	≤0.4	超精磨、镜面削、精抛光	精密机床主轴颈表面,滚动轴承的滚珠,高压油泵中柱塞孔和柱塞配合的表面
	镜状光泽面	≤0.04	≤0.2		
	镜面	≤0.01	≤0.05	镜面磨削、超精研	高精度仪、量块工作表面,光学仪器中金属镜面

5.5 表面粗糙度的检测

对表面粗糙度的评定分为定性评定和定量评定两种。定性评定是指借助放大镜、显微镜或者表面粗糙度样块,根据检验者的目测和感触,通过比较法来判断被测面的表面粗糙度。定量评定是指借助各种检测仪器,准确地测出被测表面粗糙度参数值。

目前,常用的表面粗糙度测量方法有比较法、光切法、针描法、干涉法及激光反射法等。

1. 比较法

比较法是将被测表面与已知其评定参数值的粗糙度样板进行比较,从而估计出被测表面粗糙度的一种测量方法。采用比较法时,比较样板的材料、形状与加工方法尽量与被测工件相同。

比较法简单易用,多用于生产现场判断零件的表面粗糙度。比较法判断的准确程度和检验人员的技术熟练程度有关。

2. 光切法

光切法是利用光切原理来测量表面粗糙度的一种测量方法。常用的仪器为光切显微镜。主要用于测量车、铣、刨等去除余量加工方法得到的平面和外圆表面的表面粗糙度，主要用于测量轮廓的最大高度 R_z 值，测量范围为 0.5~60 μm。

3. 针描法

针描法是一种接触式测量表面粗糙度的方法，最常用的仪器是电动轮廓仪，该仪器可直接测出 R_a 值，其测量范围为 0.025~6.3 μm，也可以测 R_z 值。

电动轮廓仪的原理框图如图 5-20 所示。测量时，仪器的金刚石触针针尖与被测表面相接触，当触针在被测表面轻轻滑过，被测表面的微观不平度使触针做垂直方向的位移，该位移通过位移传感器转换成电量信号，再经过滤波器将表面轮廓上属于形状误差和表面波纹度的成分滤去，留下只属于表面粗糙度的轮廓曲线信号，经信号放大器后送入计算机，在显示器上显示出 R_a 值来，也可经放大器驱动记录装置，画出被测的轮廓曲线。

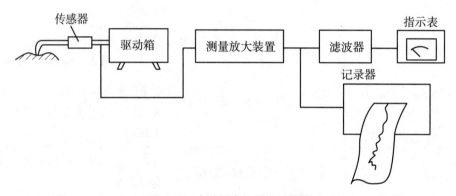

图 5-20 电动轮廓仪的原理框图

4. 干涉法

干涉法是利用光波干涉原理测量表面粗糙度的一种方法。常用的测量仪器为干涉显微镜。干涉法测量原理示意图如图 5-21(a) 所示，由光源 1 发出的光线经平面镜 5 反射向上，经半透半反分光镜 9 后分成两束，一束向上射向被测表面 18 后返回，另一束向左射向参考

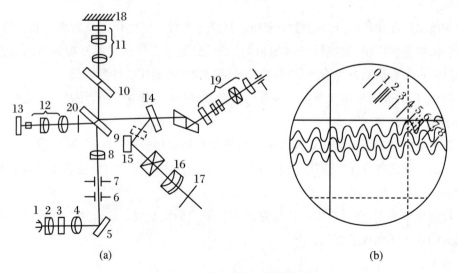

(a)   (b)

图 5-21 光波干涉法测量原理图

镜 13 返回,两束返回光线汇合后形成一组干涉条纹,干涉条纹的相对弯曲程度即反映了被测面的表面微观不平度,如图 5-21(b)所示。干涉法可测评 R_z 值,其测量范围为 0.025~0.8 μm。

5. 激光反射法

激光反射法的基本测量原理是用激光以一定的角度照射被测表面,除一小部分光线被吸收外,大部分光线被反射和散射,反射光与散射光的强度与分布于被测表面的微观不平度状况有关。反射光较为集中形成光斑,散射光则分布在光斑周围形成较弱的光带。较为光洁的表面光斑较强,光带较弱且宽度较小;较为粗糙的表面则光斑较弱,光带较强且宽度较大。

习　题

5-1　简述表面粗糙度的概念。

5-2　什么是表面粗糙度的取样长度?

5-3　表面粗糙度的检测方法有哪几种?

第6章 光滑极限量规

在机器制造中,工件的尺寸一般使用普通计量器具测量,但在成批或大量生产中,多采用光滑极限量规来检验。对于一个具体的零件,是选用计量器具还是选用量规,要根据零件图样上遵守的公差原则来确定。当零件图样上被测要素的尺寸公差和形位公差遵守独立原则时,该零件加工后的尺寸和形位误差采用通用计量器具来测量;当零件图样上被测要素的尺寸公差和形位公差遵守相关原则时,应采用光滑极限量规或位置量规来检验。

6.1 光滑极限量规概述

6.1.1 光滑极限量规的概念

光滑极限量规是一种没有刻线的专用量具,用光滑极限量规检验工件时,不能测出工件实际尺寸的具体数值,只能判断工件是否处于规定的极限尺寸范围内。因此,光滑极限量规都是成对使用的,其中之一是通规(或通端),另一个是止规(或止端)。

检验孔的量规称为塞规,检验轴的量规称为环规或卡规,如图6-1所示。通规用来模拟最大实体边界,检验孔或轴的实体是否超越该理想边界;止规用来检验孔或轴的实际尺寸是

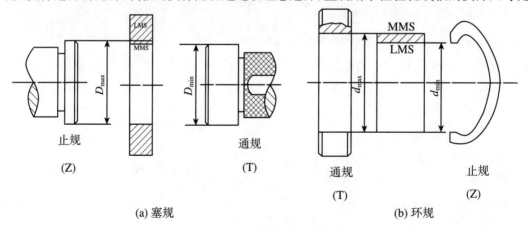

(a) 塞规 (b) 环规

图 6-1 量规

否超越最小实体尺寸。因此,通规按被检工件的最大实体尺寸制造,止规按被检工件的最小实体尺寸制造。检验工件用的通规和止规分别用符号"T"和"Z"表示。

检验零件时,如果通规能通过被检测零件,止规不能通过,表明该零件的作用尺寸和实际尺寸在规定的极限尺寸范围之内,则该零件合格;反之,若通规不能通过被检测零件,或者止规能够通过被检测零件,则判定该零件不合格。

6.1.2 光滑极限量规的用途及分类

用通用计量器具可以测出孔、轴类零件实际尺寸的具体数值,以便于了解产品质量情况,并可以对生产过程进行分析和控制,多用于单件、小批量生产中的检测;用光滑极限量规检测只能判断孔、轴的实际尺寸是否在允许的极限尺寸范围之内,从而判断孔、轴尺寸是否合格,由于其结构简单、使用方便、检验效率高,故在成批和大量生产中广泛应用。光滑极限量规按用途可分为:

(1) 工作量规:工人在生产过程中检验工件用的量规。通常选用新的或磨损较少的量规作为工作量规。

(2) 验收量规:检验部门或用户验收产品时使用的量规。一般选择磨损较多但未超过磨损极限的工作量规作为验收量规。

(3) 校对量规:用于检验轴用工作量规的量规。孔用工作量规(塞规)刚性较好,不易变形和磨损,便于用通用计量器具检测,因此没有校对量规。

6.2 量规设计的原则

由于工件存在形状误差,加工出来的孔或轴的实际形状不可能是一个理想的圆柱体,虽然工件的实际尺寸位于最大与最小极限尺寸范围内,但工件在装配时却可能发生困难或装配后不满足规定的配合性质,故生产中要根据一定的原则来进行量规设计。

6.2.1 泰勒原则

为了保证互换性,采用量规检验工件时,应根据泰勒原则(极限尺寸判断原则)来评定工件的实际尺寸和作用尺寸,即量规应遵循泰勒原则来设计。

极限尺寸判断原则是孔或轴的作用尺寸不允许超过最大实体尺寸,在任何位置上的实际尺寸不允许超过最小实体尺寸,如图 6-2 所示。极限尺寸判断原则也可用如下公式表示:

对于孔:

$$D_{作用} \geqslant D_{\min}, \quad D_{实际} \leqslant D_{\max} \tag{6-1}$$

对于轴：

$$d_{作用} \leqslant d_{\max}, \quad d_{实际} \geqslant d_{\min} \tag{6-2}$$

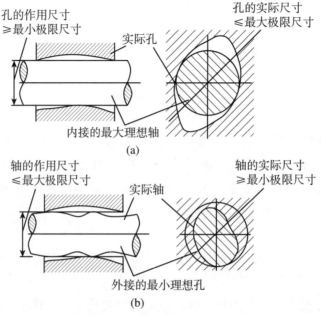

图 6-2 极限尺寸判断原则

若通规做成点状量规，止规做成全形量规，就有可能将废品误判为合格。如图 6-3 所示，孔的实际轮廓已超出尺寸公差带，应为废品。若用点状通规检验，则可能沿 y 方向通过；用全形止规检验，则不能通过。这样，由于量规形状不正确，就会把该孔误判为合格。

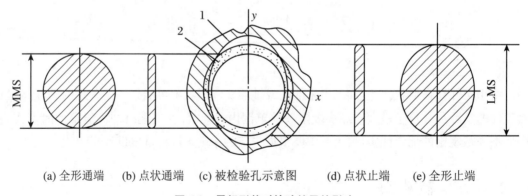

(a) 全形通端　(b) 点状通端　(c) 被检验孔示意图　(d) 点状止端　(e) 全形止端

图 6-3 量规形状对检验结果的影响

1. 实际孔；2. 孔公差带

在量规的实际应用中，往往由于制造和使用方面的原因，在保证被检验工件的形状误差不致影响配合性质的条件下，允许使用不符合（偏离）泰勒原则的量规。例如，为了减轻量规重量，便于使用，通规长度允许小于配合长度；对大尺寸的孔和轴通常用非全形的塞规（或杆规）和卡规检验；对于止规来说，由于点接触容易磨损，止规一般采用小平面、圆柱面或球面作为测量面；检验小孔的止规，常采用便于制造的全形塞规；检验刚性差的工件也常使用全

6.2.2 量规公差带

量规在制造过程中和任何工件一样,不可避免地会产生误差,故对量规的工作尺寸也要规定制造公差。通规在使用过程中经常通过工件会逐渐磨损,为使其具有一定的使用寿命,对通规需要留出适当的磨损储量,规定磨损极限。至于止规,由于它不经常通过被检工件因此不留磨损储量。校对量规也不用留磨损储量。

1. 工作量规的公差带

国家标准《光滑极限量规》规定,量规的公差带不得超越被检工件的公差带;工作量规的制造公差与被检验零件的公差等级和基本尺寸有关。孔用和轴用量规公差带如图6-4所示,其中 T 为工作量规的制造公差,Z 为通规公差带中心到工件最大实体尺寸之间的距离。通规的磨损极限为工件的最大实体尺寸。T 和 Z 的数值如表6-1所示。

2. 校对量规的公差带

如前所述,只有轴用量规才有校对量规。校对量规的公差值 T 为工作量规制造公差的50%,其公差带如图6-4所示,其中"TT"为检验轴用通规的"校通—通"量规,检验时通过为合格;"ZT"为检验轴用止规的"校止—通"量规,检验时不通过可继续使用,若通过了则应予报废;"TS"控制工作通规的磨损,防止工作通规使用时因磨损而使尺寸过大,不能被TS所通过的工作量规可以继续使用。

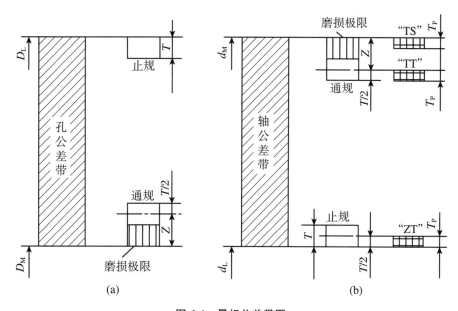

图 6-4 量规公差带图

表 6-1 工作量规尺寸公差与位置要素值

单位:μm

工件公称尺寸	IT6			IT7			IT8			IT9		
	数值	T_1	Z_1	数值	T_1	Z_1	数值	T_1	Z_1	数值	T_1	Z_1
≤3 mm	6	1	1	10	1.2	1.6	14	1.6	2	25	2	3.4
>3～6 mm	8	1.2	1.4	12	1.4	2	18	2	2.6	30	2.4	4
>6～10 mm	9	1.4	1.6	15	1.8	2.4	22	2.4	3.2	36	2.8	5
>10～18 mm	11	1.6	2	18	2	2.8	27	2.8	4	43	3.4	6
>18～30 mm	13	2	2.4	21	2.4	3.4	33	3.4	5	52	4	7
>30～50 mm	16	2.4	2.8	25	3	4	39	4	6	62	5	8
>50～80 mm	19	2.8	3.4	30	3.6	4.6	46	4.6	7	74	6	9
>80～120 mm	22	3.2	3.8	35	4.2	5.4	54	5.4	8	87	7	10
>120～180 mm	25	3.8	4.4	40	4.8	6	63	6	9	100	8	11
>180～250 mm	29	4.4	5	46	5.4	7	72	7	10	115	9	12
>250～315 mm	32	4.8	5.6	52	6	8	81	8	11	130	10	14
>315～400 mm	36	5.4	6.2	57	7	9	89	9	12	140	11	16
>400～500 mm	40	6	7	63	8	10	97	10	14	155	12	18

6.3 工作量规的设计

检验光滑工件用的光滑极限量规,其结构形式很多,合理地进行选择和使用,对正确判断检验结果影响很大。

6.3.1 量规的结构形式

选用量规结构形式时,必须考虑工件结构、大小、产量和检验效率等,推荐用的量规形式和应用尺寸范围如图 6-5 所示。

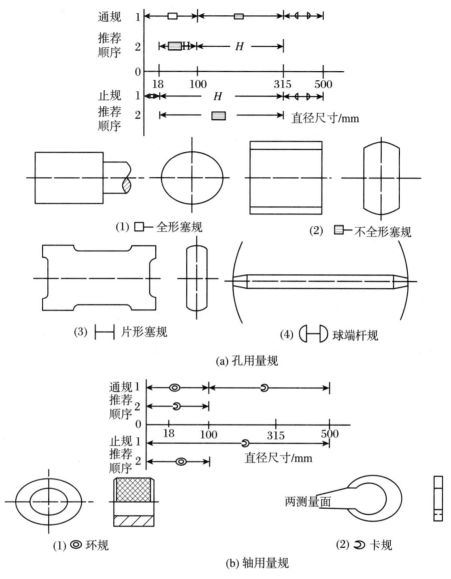

图 6-5 量规的形式和应用范围

6.3.2 量规的技术要求

（1）量规可用合金工具钢、碳素工具钢、渗碳钢及硬质合金等尺寸稳定且耐磨的材料制造，也可用普通低碳钢表面镀铬氮化处理，其厚度应大于损量。

（2）量规工作面的硬度对量规的使用寿命有直接影响。钢制量规测量面的硬度为 58～65 HRC，并应经过稳定性处理，如回火、时效等，以消除材料中的内应力。

（3）量规工作面不应有锈迹、毛刺、黑斑、划痕等明显影响使用质量的缺陷，非工作表面不应有锈蚀和裂纹。

(4) 量规的测头与手柄的连接应牢固可靠,在使用过程中不应松动。

(5) 量规测量面的表面粗糙度取决于被检验工件的基本尺寸、公差等级和表面粗糙度以及量规的制造工艺水平,一般不低于推荐的表面粗糙度值,可参照表 6-2 规定的表面粗糙度值 R_a 来选择。

(6) 量规必须打上清晰的标记,主要有:

① 被检验孔、轴的基本尺寸和公差带代号。

② 量规的用途代号:"T"表示通规;"Z"表示止规。

表 6-2 量规测量面的表面粗糙度

工 作 量 规	工作量规的基本尺寸		
	≤120 mm	>120 mm 且≤315 mm	>315 mm 且≤500 mm
	工作量规测量面的表面粗糙度 R_a 值(μm)		
IT6 级孔用工作塞规	0.05	0.10	0.20
IT7～IT9 级孔用工作塞规	0.10	0.20	0.40
IT10～IT12 级孔用工作塞规	0.20	0.40	0.80
IT13～IT16 级孔用工作塞规	0.40	0.80	
IT6～IT9 级轴用工作环规	0.10	0.20	0.40
IT10～IT12 级轴用工作环规	0.20	0.40	
IT13～1T16 级轴用工作环规	0.40	0.80	0.80

6.3.3 量规的工作尺寸计算

量规的工作尺寸计算步骤如下:

(1) 查出孔或轴的极限偏差。

(2) 查出量规的制造公差 T 及通规的位置要素 Z。

(3) 画量规公差带图。

(4) 计算量规的工作尺寸。

例 6-1 计算和检验配合代号为 $\varnothing 35H7/f6$ 孔与轴用量规的极限偏差。

解 由 GB/T 1800.1—2009 查出孔、轴标准公差和基本偏差,由此确定出孔、轴的上、下偏差。

孔:
$$ES = +0.025 \text{(mm)}$$
$$EI = 0$$

轴:
$$es = -0.025 \text{(mm)}$$
$$ei = -0.041 \text{(mm)}$$

得 $\varnothing 35\text{H}7\begin{pmatrix} +0.025 \\ 0 \end{pmatrix}$、$\varnothing 35\text{f}6\begin{pmatrix} -0.025 \\ -0.041 \end{pmatrix}$。

由表 6-1 查出工作量规的尺寸公差 T 和位置要素，并确定工作量规的形状公差和校对量规的尺寸公差。

塞规尺寸公差：$T_1 = 0.003$ mm。

塞规位置要素：$Z_1 = 0.004$ mm。

塞规形状公差：$T_1/2 = 0.0015$ mm。

卡规尺寸公差：$T_1 = 0.0024$ mm。

卡规位置要素：$Z_1 = 0.0028$ mm。

塞规形状公差：$T_1/2 = 0.0012$ mm。

校对量规尺寸公差：$T_p = 0.0012$ mm。

参照量规公差带图计算各种量规的极限偏差：

(1) $\varnothing 35\text{H}7$ 孔用工作塞规。

通规(T)：

$$\text{上偏差} = \text{EI} + Z_1 + T_1/2 = 0 + 0.004 + 0.0015 = +0.0055(\text{mm})$$

$$\text{下偏差} = \text{EI} + Z_1 - T_1/2 = 0 + 0.004 - 0.0015 = +0.0025(\text{mm})$$

$$\text{磨损极限} = \text{EI} = 0$$

止规(Z)：

$$\text{上偏差} = \text{ES} = +0.025(\text{mm})$$

$$\text{下偏差} = \text{ES} - T_1 = 0.025 - 0.003 = +0.022(\text{mm})$$

(2) $\varnothing 35\text{f}6$ 轴用工作卡规。

通规(T)：

$$\text{上偏差} = \text{es} - Z_1 + T_1/2 = -0.025 - 0.0028 + 0.0012 = -0.0266(\text{mm})$$

$$\text{下偏差} = \text{es} - Z_1 - T_1/2 = -0.025 - 0.0025 - 0.0012 = -0.029(\text{mm})$$

$$\text{磨损极限} = \text{es} = -0.025(\text{mm})$$

止规(Z)：

$$\text{上偏差} = \text{ei} + T_1 = -0.041 + 0.0024 = -0.0386(\text{mm})$$

$$\text{下偏差} = \text{ei} = -0.041(\text{mm})$$

(3) 轴用卡规的校对量规。

"校通—通"塞规(TT)：

上偏差 = $\text{es} - Z_1 - T_1/2 + T_p = -0.025 - 0.0028 - 0.0012 + 0.0012 = -0.0278(\text{mm})$

下偏差 = $\text{es} - Z_1 - T_1/2 = -0.025 - 0.0028 - 0.0012 = -0.029(\text{mm})$

"校通—损"塞规(TS)：

$$\text{上偏差} = \text{es} = -0.025(\text{mm})$$

$$\text{下偏差} = \text{es} - T_p = -0.025 - 0.0012 = -0.0262(\text{mm})$$

"校止—通"塞规(ZT)：

上偏差 = ei + T_p = -0.041 + 0.0012 = -0.0398(mm)

下偏差 = ei = -0.041(mm)

⌀35H7/f6 孔与轴用量规公差带图如图 6-6 所示。

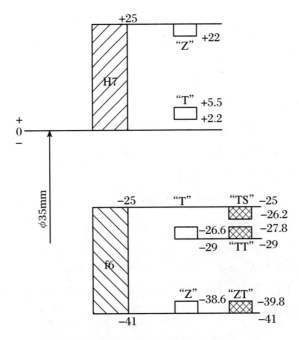

图 6-6　孔与轴用量规公差带图(单位:μm)

习　题

6-1　什么是光滑极限量规？在什么情况下适用？

6-2　简述光滑极限量规的用途及分类。

6-3　国家规定的工件验收原则是什么？

第 7 章　滚动轴承的公差与配合

滚动轴承是一种常见的机械元件,用于支撑并减少旋转摩擦的轴承,广泛应用于各种工业和机械设备中,如汽车工业、航空航天和重型机械等。滚动轴承的设计和材料选择需要根据特定的应用需求进行定制,以确保其满足高速、高温、高载荷等特殊工作条件。滚动轴承在工程领域中扮演着至关重要的角色,为各种旋转部件提供了可靠的支持。

7.1　滚动轴承的结构和分类

滚动轴承通常由内圈、外圈、滚动体和保持架组成,如图 7-1 所示。外圈的外径 D 和内圈的内径 d 为滚动轴承与结合件配合的公称尺寸。内圈是与轴连接的部分,外圈则与轴承座相连。滚动体是轴承内部滚动的组件,通常为滚珠、滚柱或滚子。保持架则用于将滚动体保持在正确的位置上,以确保它们可以自由滚动并分散载荷。这些组件共同工作,使得轴承可以承受并传递旋转载荷,降低摩擦,并延长机器设备的使用寿命。

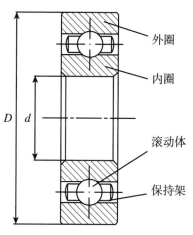

图 7-1　滚动轴承结构

滚动轴承按照不同标准可以划分为多种类型,常见的包括以下几种:

按照滚动体的类型分为球轴承和滚子轴承。球轴承的滚动体为滚珠,而滚子轴承的滚动体为滚子。

按照轴承的结构形式分为向心球轴承、圆锥滚子轴承、角接触球轴承、推力球轴承等。

按照轴承承载方向的不同，分为径向轴承和轴向轴承。径向轴承主要承受垂直于轴线方向的载荷，而轴向轴承主要承受平行于轴线方向的载荷。

按照滚动体的列数分为单列轴承、双列轴承和多列轴承。单列轴承是只具有一列滚动体的轴承。双列轴承是具有两列滚动体的轴承。多列轴承是具有多于两列的滚动体并承受同一方向载荷的轴承，如三列轴承、四列轴承。

按照轴承的使用环境和特殊要求分为高速轴承、高温轴承、腐蚀性环境轴承等。

如图 7-2 所示为常见的几种滚动轴承。

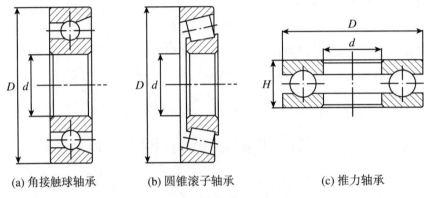

(a) 角接触球轴承　　(b) 圆锥滚子轴承　　(c) 推力轴承

图 7-2　常见的几种滚动轴承

由于滚动轴承的种类很多，且各类轴承又有不同的结构、尺寸和公差等级等，为了表示各类轴承的不同特点，国家标准中规定了滚动轴承代号的表示方法。滚动轴承代号由数字和字母组成，以表示滚动轴承的结构、尺寸、公差等级、技术性能等特征，主要由前置代号、基本代号和后置代号三个部分所构成。

(1) 前置代号是轴承在结构形状、尺寸、公差、技术要求等有改变时区分使用，用字母标示。

(2) 基本代号用来表明轴承的内径、直径系列、宽度系列和类型，一般最多为五位数，是轴承代号的基础。

(3) 后置代号是用字母和数字等表示轴承的结构、公差及材料的特殊要求等，标示轴承的部件与基本设计有不同结构或有其他特性的变形。

具体排列构成如表 7-1 所示。

表 7-1　滚动轴承代号的构成

前置代号	基 本 代 号				后 置 代 号						
成套轴承的分部件代号	类型代号	尺寸系列代号		内径代号	内部结构代号	密封防尘与外部形变变化代号	保持架及其材料代号	特殊轴承材料代号	公差等级代号	游隙代号	多轴承配置代号	其他代号
		宽度系列代号	直径系列代号									
60204−2R$_z$P53	6	0	2	04		2R$_z$			P5	3		

7.2 滚动轴承的公差等级

滚动轴承的公差等级是指在制造过程中为了控制轴承零件尺寸和形位偏差而设定的标准,由轴承的尺寸公差和旋转精度决定。尺寸公差是指轴承零件的尺寸偏差,包括轴承内径、外径、宽度等尺寸的偏差范围。而旋转精度则是指轴承在旋转运动中的稳定性和精度,主要包括轴承的径向跑偏、轴向跑偏、圆度等指标。

根据《滚动轴承通用技术规则》,按其公称尺寸精度和旋转精度:

(1) 向心轴承可分为 0、6、5、4、2 五个公差等级。
(2) 圆锥滚子轴承可分为 0、6X、5、4 四个公差等级。
(3) 推力轴承可分为 0、6、5、4 四个公差等级。

其中 0 级为普通级,在机械制造中应用最广,6 级、6X 级为中级,5 级为较高级,4 级为高级,2 级为精密级。较高的精度等级通常意味着更好的旋转精度、运转稳定性和寿命,但也意味着更严格的生产工艺要求和更高的制造成本。选择合适的精度等级需要根据具体应用要求和成本考虑,以确保轴承能够在特定工作条件下发挥最佳性能。

滚动轴承各级公差应用情况如表 7-2 所示。

表 7-2 滚动轴承各级公差应用

公差等级	应 用 示 例
0 级	应用于旋转精度要求不高、中等负荷、中等转速的一般机构中,如普通机床的变速机构,汽车、拖拉机的变速机构,水泵、减速器的旋转机构等
6 级、6X 级	应用于旋转精度和转速较高的旋转机构中,如普通机床的主轴轴承、精密机床传动轴使用的轴承等
5、4 级	应用于旋转精度高、转速高的旋转机构中,如精密机床、精密丝杠车床的主轴轴承,精密仪器和机械使用的轴承等
2 级	应用于旋转精度和转速很高的旋转机构中,如精密坐标镗床和高精度齿轮磨床的主轴轴承等

7.3 滚动轴承的公差带

滚动轴承是标准件,为了方便更换,轴承的外圈与孔的配合应采用基轴制,轴承的内圈与轴的配合应采用基孔制。

滚动轴承的尺寸公差,主要指成套轴承的内径和外径的公差。滚动轴承的内圈和外圈都是薄壁零件,在制造、保管和自由状态下容易变形,但当轴承内圈与轴、轴承外圈与壳体孔装配后,这种微量变形也容易得到矫正。对此,国家标准对轴承内径和外径尺寸公差做了两种规定:

(1) 规定了内、外径尺寸的最大值和最小值所允许的极限偏差(即单一内、外径偏差),其主要目的是控制轴承的变形程度。

(2) 规定了内、外径实际量得尺寸的最大值和最小值的平均值极限偏差(即单一平面平均内、外径偏差),目的是保证轴承内径与轴、轴承外径与孔的尺寸配合精度。向心轴承内、外圈公差如表 7-3、表 7-4 所示。

表 7-3 向心轴承内圈公差

精度等级	0		6		5		4		2	
基本直径/mm	极 限 偏 差									
	上极限偏差	下极限偏差	上极限偏差	下极限偏差	上极限偏差	下极限偏差	上极限偏差	下极限偏差	上极限偏差	下极限偏差
18~30	0	−10	0	−8	0	−6	0	−5	0	−2.5
30~50	0	−12	0	−10	0	−8	0	−6	0	−2.5

表 7-4 向心轴承外圈公差

精度等级	0		6		5		4		2	
基本直径/mm	极 限 偏 差									
	上极限偏差	下极限偏差	上极限偏差	下极限偏差	上极限偏差	下极限偏差	上极限偏差	下极限偏差	上极限偏差	下极限偏差
50~80	0	−13	0	−11	0	−9	0	−7	0	−4
80~120	0	−13	0	−13	0	−10	0	−8	0	−5

在大多数情况下,滚动轴承的外圈安装在孔中不旋转,而轴承的内圈是随轴一起转动的,为了防止内圈与轴之间发生相对运动而导致结合面磨损,配合需要具有一定的过盈,且这个过盈不宜过大,以防止薄壁内圈产生较大形变,从而影响轴承内部游隙的大小。国家标准规定:滚动轴承内圈公差带位于以公称直径 d 为零线的下方,即上极限偏差为零,下极限偏差为负值,如图 7-3 所示。

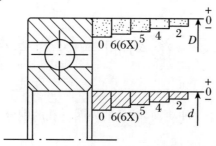

图 7-3 滚动轴承内、外径公差带

由于轴承内径(基准孔)和外径(基准轴)的公差带在轴承制造时已确定,因此轴承内圈和轴颈、轴承外圈和壳体孔的配合面间的配合性质,主要由轴颈和外壳孔的公差带决定。即轴承配合的选择就是确定轴颈和外壳孔的公差带。

国家标准《滚动轴承与轴和外壳的配合》对于 0 级和 6(6X)级轴承配合的轴颈规定了 17 种公差带,外壳孔规定了 16 种公差带,如图 7-4 所示。

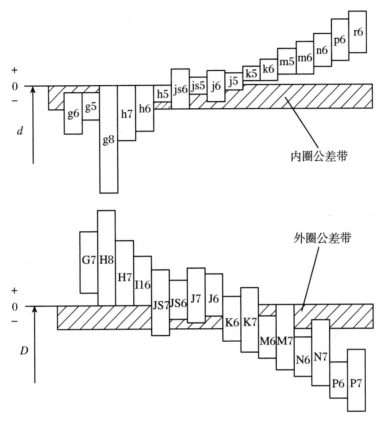

图 7-4　与滚动轴承配合的轴颈及外壳孔的常用公差带

正确选择轴承配合,对保证机器正常运转,提高轴承寿命,充分发挥轴承的承载能力关系重大。选择轴承配合时,应综合考虑轴承的工作条件,作用在轴承上的负荷大小、方向和性质,工作温度,轴承类型和尺寸,旋转精度和速度等一系列因素。

7.4　影响轴承公差带选用的因素

1. 轴承承受载荷的类型

如图 7-5 所示,根据轴承所承受的负荷对于套圈作用的不同,可分为以下三类:

(1) 固定负荷:作用于轴承上的合成径向负荷与套圈相对静止,即合成径向负荷方向始终不变地作用于套圈滚道的局部区域上。

(2) 旋转负荷:作用于轴承上的合成径向负荷与套圈相对旋转,即合成径向负荷方向顺次作用于套圈滚道的整个圆周上。

(3) 摆动负荷:作用于轴承上的合成径向负荷与所承载的套圈在一定区域内相对摆动,即合成负荷向量连续摆动地作用在套圈的部分圆周上。

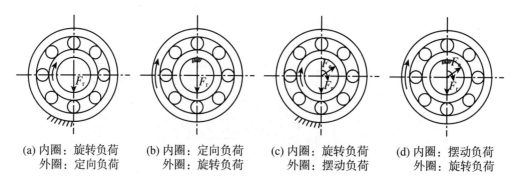

(a) 内圈:旋转负荷　　(b) 内圈:定向负荷　　(c) 内圈:旋转负荷　　(d) 内圈:摆动负荷
　　外圈:定向负荷　　　　外圈:旋转负荷　　　　外圈:摆动负荷　　　　外圈:旋转负荷

图 7-5　轴承套圈承受载荷的类型

总的来说:

(1) 当套圈相对于负荷方向固定时,该套圈与轴颈或外壳孔的配合应稍松些,一般选用具有平均间隙较小的过渡配合或具有极小间隙的间隙配合。

(2) 当套圈相对负荷方向旋转时,该套圈与轴颈或外壳孔的配合应较紧,一般选用过盈小的过盈配合或过盈概率大的过渡配合。必要时,过盈量的大小可以通过计算确定。

(3) 当套圈相对于负荷方向摆动时,内、外圈都采用过盈配合。

2. 轴承承受负荷大小

滚动轴承与轴颈或外壳孔配合的最小过盈,取决于负荷大小。在国际标准中,将径向当量动负荷 P_r 分为轻、正常、重负荷三种类型,对向心轴承,负荷的大小用 P_r 与轴承产品样本中规定的径向额定动负荷 C_r 的比值来区分:

$$\begin{cases} 轻负荷 & P_r < 0.07\,C_r \\ 正常负荷 & 0.07\,C_r \leqslant P_r \leqslant 0.15\,C_r \\ 重负荷 & P_r > 0.15\,C_r \end{cases} \qquad (7\text{-}1)$$

式中当量动负荷 P_r 与额定动负荷 C_r 分别由计算公式求出和通过轴承型号查阅相关公差表格确定。

当轴承承受较大的负荷或冲击的时候,很容易产生较大的形变,从而使套圈与轴颈或外壳孔配合面之间的实际过盈减小以及轴承内部的实际间隙增大,对轴承的性能和寿命造成影响。因此,为了使轴承能够正常工作,应选较大的过盈配合。同理,承受较轻的负荷时,可选较小的过盈配合。

当轴承内圈承受旋转负荷时,它与轴配合所需的最小过盈 $Y_{\min}$(单位:mm)可以根据下式进行计算:

$$Y_{\min} = -\frac{13Rk}{b \times 10^6} \qquad (7\text{-}2)$$

式中，R（单位：kN）为轴承所承受的最大径向负荷；k 为与轴承系列有关的系数；b（单位：mm）为轴承内圈的配合宽度，$b = B - 2r$，其中 B 为轴承宽度，r 为内圈倒角。

此外为避免套圈破裂，最大过盈 Y_{max}（单位：mm）必须按不超过套圈允许的强度来进行计算：

$$Y_{max} = -\frac{11.4kd[\sigma_p]}{(2k-2) \times 10^3} \tag{7-3}$$

式中，$[\sigma_p]$（单位：10^5 Pa）为允许的拉应力，轴承钢的拉应力 $[\sigma_p]_{钢} \approx 400 \times 10^5$ Pa；d（单位：m）为轴承内圈内径。

根据计算得到的过盈 Y_{min}，便能够从国家标准中选取合适的配合。

3. 轴承游隙

轴承游隙是指轴承内、外圈之间的间隙或间隔，也就是轴承内圈和外圈的相对运动空间。根据国家标准 GB/T 4604—2006《滚动轴承径向游隙规定》，轴承的径向游隙分为五组：2 组、0 组、3 组、4 组和 5 组，游隙依次由小到大。轴承游隙的存在是为了在装配后确保轴承能够正常工作。游隙过大，会引起转轴较大的径向跳动和轴向窜动，轴承产生较大的振动和噪声；游隙过小，尤其是轴承与轴颈或外壳孔采用过盈配合时，则会使轴承滚动体与套圈产生较大的接触应力，引起轴承的摩擦发热，以致降低寿命。合适的轴承游隙可以确保轴承在工作时具有一定的灵活性，以吸收轴向和径向的变形以及热膨胀所带来的影响，从而减小轴承在工作时的摩擦力和磨损，提高轴承的工作效率和使用寿命，适应不同工程要求和应用场合的需要。

4. 轴承的其他因素

（1）工作温度

轴承工作时，由于摩擦发热和其他热源的影响，使轴承套圈的温度经常高于与它相配合轴颈和外壳孔的温度。因此在选择相应配合的时候需要考虑温度的影响，内圈因热膨胀与轴颈的配合变松，外圈因热膨胀与外壳孔的配合变紧，所以轴承工作温度高于 100 ℃时，应对选择的配合进行修正。

（2）旋转精度和旋转速度

当对轴承有较高旋转精度要求时，为消除弹性变形和振动的影响，应避免采用带间隙的配合，但也不能太紧。轴承转速越高，应选用愈紧的配合。

（3）轴与外壳孔的结构和材料

轴承套圈与其部件的配合，不应由于轴和外壳孔表面不规则而导致内外圈变形。对开式外壳与轴承外圈的配合，不宜采用过盈配合，但也不能使外圈在外壳孔内转动。为了保证有足够的支撑面，当轴承安装于薄壁外壳、轻合金外壳或空心轴上时，应采用比厚壁外壳、铸铁外壳或实心轴更紧的配合。

（4）轴承尺寸大小

随着轴承尺寸的增大，如果采用过盈配合，则过盈量也应该更大；如果采用间隙配合，则间隙量也应该更大。

(5) 轴承安装和拆卸的方便

如果要求装拆方便,可选用较松配合。如果既要求装拆方便又需要紧配合,可采用分离型轴承或采用内圈带锥孔、带紧定套和退卸套的轴承。

习 题

7-1 简述滚动轴承的配合制。

7-2 简述国家标准对滚动轴承公差的规定。

7-3 简述轴承承受载荷的类型。

第8章 尺 寸 链

在机械零件的设计和制造过程中,确保产品质量是一个关键问题。除了正确选择材料,进行强度、刚度和运动精度计算之外,设计一台机器还需要进行几何精度计算。这意味着必须合理确定机器零件的尺寸公差和几何公差,以确保在满足产品设计预定技术要求的前提下,零件能够经济地加工和顺利地装配。为了实现这一目标,需要分析设计图样上各要素之间以及零件之间的相互尺寸和位置关系要求,确保它们能够构成首尾衔接、形成封闭形式的尺寸组。然后,需要计算各个尺寸的极限偏差和公差,以便选择合适的设计方案和经济的工艺方法,从而保证达到产品规定的公差要求。

8.1 尺寸链概述

8.1.1 尺寸链的基本概念

1. 尺寸链的定义

在零件加工或机器装配过程中,由相互连接的尺寸形成的封闭的尺寸组,称为尺寸链。图 8-1 为阶梯轴及其每段轴的轴向尺寸,轴全长 L_3,加工出尺寸 L_1 和 L_2,最终形成尺寸 L_0,所以 L_0 的大小由 L_1、L_2 和 L_3 的大小所决定。L_1、L_2 和 L_3 均是阶梯轴的设计尺寸。L_1、L_2、L_3、L_0 四个相互关联的尺寸就形成了一个尺寸链。

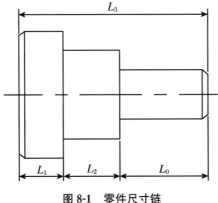

图 8-1 零件尺寸链

2. 环

尺寸链中的每一个尺寸,都称为环。如图 8-1 所示,其中 L_1、L_2、L_3 和 L_0 都是尺寸链的环,环又分为封闭环和组成环。

(1) 封闭环

封闭环是指尺寸链中在装配和加工过程中最后自然形成的那个环,封闭环通常用下标阿拉伯数字"0"来表示,如图 8-1 中的 L_0 就是加工过程中最后形成的环。

(2) 组成环

组成环是指尺寸链中除封闭环以外的环。组成环通常用下标阿拉伯数字 1,2,3,… 来表示,如图 8-1 中的 L_1、L_2、和 L_3 均为组成环。组成环又可分为增环和减环。

① 增环:当尺寸链中其他组成环不变时,某一组成环增大,封闭环也随之增大,则该组成环是增环,如图 8-1 中的 L_3。

② 减环:当尺寸链中的其他组成环不变时,某一组成环增大,封闭环随之减小,则该组成环是减环,如图 8-1 中的 L_1。

在尺寸链中预先选定的某一组成环,通过改变其大小和位置可使封闭环达到设计要求,具有这种功能要求的组成环称为补偿环。

3. 传递系数

传递系数 ξ_i 是各组成环影响封闭环大小的系数。尺寸链中封闭环与组成环的关系可以表示为函数关系,即

$$A_0 = f(A_1, A_2, \cdots, A_m) \tag{8-1}$$

第 i 个组成环的传递系数为

$$\xi_i = \frac{\partial f}{\partial A_i} \quad (1 \leqslant i \leqslant m) \tag{8-2}$$

通常直线尺寸链 $\xi = 1$,对于增环,ξ_i 取正值;对于减环,ξ_i 取负值。

4. 中间偏差

上偏差与下偏差的平均值,称为中间偏差,用符号 Δ 表示:

$$\Delta_i = \frac{1}{2}(\mathrm{ES}_i + \mathrm{EI}_i) \quad \text{或} \quad \Delta_i = \frac{1}{2}(\mathrm{es}_i + \mathrm{ei}_i) \tag{8-3}$$

8.1.2 尺寸链的类型

1. 按照尺寸链的应用场合分

(1) 零件尺寸链

同一零件上由各个设计尺寸构成的相互有联系的封闭的尺寸组,称为零件尺寸链,如图 8-1 所示。设计尺寸是指图纸中标注的尺寸。

(2) 装配尺寸链

在机器设计或装配过程中,由一些相关零件形成的有联系的封闭的尺寸组,称为装配尺寸链,如图 8-2 所示。

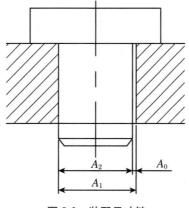

图 8-2　装配尺寸链

(3) 工艺尺寸链

零件在机械加工过程中,同一零件上由各个工艺尺寸构成的相互有联系的封闭的尺寸组,称为工艺尺寸链,如图 8-3 所示。

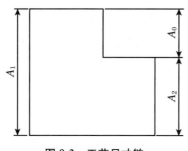

图 8-3　工艺尺寸链

零件尺寸链和装配尺寸链统称为设计尺寸链。

2. 按照尺寸链中各环的空间位置分

(1) 直线尺寸链

尺寸链的所有环均位于两条或者几条平行线上,称为直线尺寸链,如图 8-1 所示。

(2) 平面尺寸链

尺寸链的所有环都位于一个或者几个平行的平面内,但其中某些组成环不平行于封闭环,称为平面尺寸链,如图 8-4 所示。

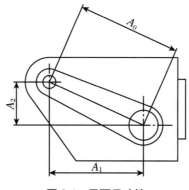

图 8-4　平面尺寸链

(3) 空间尺寸链

尺寸链的所有环位于空间不平行的平面上,称为空间尺寸链。

3. 按照构成尺寸链各环的几何特征分

(1) 长度尺寸链

组成环为长度尺寸的尺寸链称为长度尺寸链,如图 8-4 所示,A_1、A_2 和 A_0 构成一个长度尺寸链。

(2) 角度尺寸链

组成环为角度尺寸的尺寸链称为角度尺寸链,如图 8-5 所示,α_1、α_2、α_3 和 α_0 构成一个角度尺寸链。

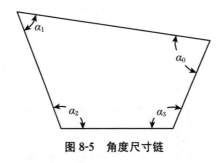

图 8-5 角度尺寸链

8.1.3 尺寸链的建立及判别

建立尺寸链并判断各组成环的属性,是利用尺寸链进行精度设计或确定工序尺寸的重中之重。

1. 确定封闭环

确定封闭环是建立尺寸链的首要步骤。封闭环是尺寸链中最终形成的部分,其随其他环的尺寸变化而变化。每个尺寸链中只有一个封闭环存在。装配尺寸链的封闭环是在装配之后形成的,通常反映产品的某项装配精度指标,例如卧式车床装配后主轴轴线与尾座轴线的高度差。工艺尺寸链的封闭环是在加工过程中最终自然形成的环,代表了间接获得的尺寸,通常是被加工零件的设计尺寸或余量尺寸。确定封闭环与加工顺序紧密相关。

2. 建立尺寸链

组成环会直接影响封闭环的尺寸,建立尺寸链时应尽量减少组成环的数量。装配尺寸链的组成环通常是不同零件的结构尺寸或形位公差,而工艺尺寸链的组成环则是工序尺寸或加工余量。

寻找组成环可以从封闭环的任意一端开始,逐步查找相互连接的各个尺寸,直到最后一个尺寸与封闭环的另一端相连为止。这样就形成了一个封闭的尺寸链。

3. 判断组成环性质

判断增、减环对于分析和计算尺寸链至关重要。当环数较少时,可以根据定义进行判断;而当环数较多时,通常会先任意定义一个方向并在封闭环上画上箭头,然后沿着此方向依次给每个组成环画出箭头。若组成环的箭头方向与封闭环箭头相同,则为减环;反之,则为增环。如图 8-6 所示,A_2、A_4、A_5 为减环,A_1、A_3 为增环。

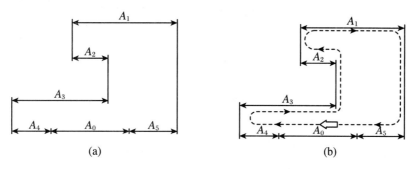

图 8-6 尺寸链增、减环判断实例

8.2 极值法求解尺寸链

8.2.1 尺寸链计算的内容

1. 尺寸链计算的目的

通过计算确定尺寸链中有关尺寸的公差和极限偏差。

2. 尺寸链的计算类型

根据不同的要求,尺寸链的计算通常可分为正计算和反计算两类。

(1) 正计算:已知各组成环的公差与极限偏差,计算封闭环的公差与极限偏差,称为正计算。正计算用来验证是否符合技术要求,验证设计的正确性。

(2) 反计算:已知封闭环的公差与极限偏差,计算组成环的公差与极限偏差,称为反计算,也称为公差分配计算。反计算主要用于产品设计、加工和装配工艺等方面。

8.2.2 极值法计算尺寸链

极值法,又称为完全互换法,是尺寸链计算的一种方法,它以尺寸链中各环的极限尺寸为基础进行计算。因此,按照完全互换法计算得到的尺寸进行加工,所制造的零件具有完全互换性。这类零件无需挑选或修配,可以顺利地安装到机器上,并且能够满足所需的精度要求。

对于非直线尺寸链的求解问题,需要考虑传递系数的影响。以直线尺寸销为例,介绍完全互换法的计算过程。在计算时,将各环尺寸按照坐标轴进行投影,然后进行计算,最终将得到的计算结果进行合成。

1. 基本公式

(1) 封闭环的公称尺寸

对前述图 8-1,直线尺寸链封闭环的公称尺寸 A_0 等于所有增环的公称尺寸之和减去所有减环公称尺寸之和,即有

$$A_0 = \sum_{z=1}^{m} A_z - \sum_{j=m+1}^{n-1} A_j \tag{8-4}$$

式中,A_z 为增环的公称尺寸;A_j 为减环的公称尺寸;m 为增环环数;n 为尺寸链总环数(包括封闭环)。

若不是直线尺寸链,则一般表达式应当考虑传递系数 ξ_i,通常直线尺寸链 $\xi=1$,对于增环,ξ_i 取正值;对于减环,ξ_i 取负值,则有

$$A_0 = \sum_{i=1}^{n-1} \xi_i A_i \tag{8-5}$$

(2) 封闭环极限尺寸

封闭环的最大极限尺寸 $A_{0\max}$ 是在所有增环出现在最大极限尺寸和所有减环出现在最小极限尺寸时产生。

封闭环的最小极限尺寸 $A_{0\min}$ 是在所有增环出现在最小极限尺寸和所有减环出现在最大极限尺寸时产生。

$$A_{0\max} = \sum_{z=1}^{m} A_{z\max} - \sum_{j=m+1}^{n-1} A_{j\min} \tag{8-6}$$

$$A_{0\min} = \sum_{z=1}^{m} A_{z\min} - \sum_{j=m+1}^{n-1} A_{j\max} \tag{8-7}$$

(3) 封闭环的公差

以图 8-2 为例,我们可以推出封闭环 A_0 的最大极限尺寸 $A_{0\max}$ 和最小极限尺寸 $A_{0\min}$,以及 A_0 的公差值 T_0:

$$A_{0\max} = A_{1\max} - A_{2\min} \tag{8-8}$$

$$A_{0\min} = A_{1\min} - A_{2\max} \tag{8-9}$$

$$T_0 = A_{1\max} - A_{2\min} - (A_{1\min} - A_{2\max}) = T_1 + T_2 \tag{8-10}$$

对于多环直线尺寸链,同理可以得到

$$A_{0\max} = \sum_{z=1}^{m} A_{z\max} - \sum_{j=m+1}^{n-1} A_{j\min} \tag{8-11}$$

$$A_{0\min} = \sum_{z=1}^{m} A_{z\min} - \sum_{j=m+1}^{n-1} A_{j\max} \tag{8-12}$$

$$T_0 = \sum_{i=1}^{n-1} T_i \tag{8-13}$$

若不是直线尺寸链,则一般表达式应当考虑传递系数 ξ_i,则有

$$T_0 = \sum_{i=1}^{n-1} |\xi_i| T_i \tag{8-14}$$

(4) 封闭环的中间偏差

当各组成环的偏差为对称分布时,封闭环的中间偏差 Δ_0 为

$$\Delta_0 = \sum_{i=1}^{n-1} \xi_i \Delta_i \quad (8-15)$$

式中,Δ_i 为各组成环的中间偏差。

(5) 用公差、中间偏差表示极限偏差

组成环的极限偏差:

$$ES_i = \Delta_i + \frac{1}{2} T_i \quad (8-16)$$

$$EI_i = \Delta_i - \frac{1}{2} T_i \quad (8-17)$$

封闭环的极限偏差:

$$ES_0 = \Delta_0 + \frac{1}{2} T_0 \quad (8-18)$$

$$EI_0 = \Delta_0 - \frac{1}{2} T_0 \quad (8-19)$$

(6) 用公称尺寸、偏差表示极限尺寸

组成环的极限尺寸:

$$A_{i\max} = A_i + ES_i \quad (8-20)$$

$$A_{i\min} = A_i + EI_i \quad (8-21)$$

封闭环的极限尺寸:

$$A_{0\max} = A_0 + ES_0 \quad (8-22)$$

$$A_{0\min} = A_0 + EI_0 \quad (8-23)$$

2. 正计算

正计算即公差控制计算或校核计算。已知各组成环的公差与极限偏差,计算封闭环的公差与极限偏差。

例 8-1 如图 8-7(a)所示某齿轮机构,已知 $A_1 = 30_{-0.06}^{0}$ mm,$A_2 = 5_{-0.06}^{0}$ mm,$A_3 = 38_{+0.10}^{+0.16}$ mm,$A_4 = 3_{-0.05}^{0}$ mm,试计算齿轮右端面与挡圈左端面的轴向间隙 A_0 的变动范围。

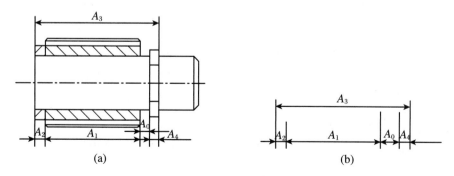

图 8-7 齿轮机构

解 A_3 为增环,A_2、A_1、A_4 为减环,A_0 为封闭环,尺寸链如图 8-7(b)所示。

$$A_0 = A_3 - (A_2 + A_1 + A_4) = 38 - (5 + 30 + 3) = 0 (\text{mm})$$
$$A_{0\max} = A_{3\max} - (A_{2\min} + A_{1\min} + A_{4\min}) = 38.16 - (4.94 + 29.94 + 2.95) = 0.33 (\text{mm})$$
$$A_{0\min} = A_{3\min} - (A_{2\max} + A_{1\max} + A_{4\max}) = 38.10 - (5 + 30 + 3) = 0.10 (\text{mm})$$

所以,间隙 A_0 的变动范围为 0.10～0.33 mm。

3. 反计算

反计算即公差分配计算或设计计算。已知封闭环的公差和极限偏差,计算各组成环的公差和极限偏差。

(1) 等公差法

首先计算各组成环的平均偏差 T_{av}:

$$T_{av} = \frac{T_0}{n} \quad (8\text{-}24)$$

式中,T_0 为封闭环的公差,n 为组成环的数目。

(2) 等公差等级法

等公差等级法的特点是所有组成环采用同一公差等级,即各组成环的公差等级系数相同。由前面所学内容可知,当公称尺寸小于 500 mm 并且公差等级在 IT5～IT18 时,公差按下式计算:

$$T = a_i = a(0.45\sqrt[3]{D} + 0.001D) \quad (8\text{-}25)$$

对于直线尺寸链,$|\xi_i| = 1$,则平均公差等级系数为

$$a_{av} = \frac{T_0}{\sum_{i=1}^{n-1}(0.45\sqrt[3]{D_i} + 0.001D_i)} \quad (8\text{-}26)$$

由上式算出平均公差等级系数后,按照公差等级计算表选取相近的公差等级,再由标准公差值表查出相应各组成环的尺寸公差值 T_i。

为了合理分配各个组成环的公差,在通过等公差法或等公差等级法初步计算出各个组成环的公差值 T_i 之后,可以根据各组成环的尺寸大小、结构工艺特性以及加工的难易程度来对这些初步计算的公差值进行适当调整。经过这样的调整,最终确定出每个环的精确公差 T_i。

例 8-2 对开齿轮箱如图 8-8 所示,根据使用要求间隙 $A_0 = 1～1.75$ mm,已知各零件的有关公称尺寸 $A_1 = 101$ mm,$A_2 = 50$ mm,$A_3 = A_5 = 5$ mm,$A_4 = 140$ mm,求各环尺寸偏差。

解 (1) 绘制尺寸链图,并确定增、减环。A_1、A_2 为增环,A_3、A_4、A_5 为减环。

(2) 封闭环的公称尺寸及公差:

$$A_0 = (A_1 + A_2) - (A_3 + A_4 + A_5) = (101 + 50) - (5 + 140 + 5) = 1 (\text{mm})$$
$$T_0 = 1.75 - 1 = 0.75 (\text{mm})$$
$$ES_0 = A_{0\max} - A_0 = 1.75 - 1 = 0.75 (\text{mm})$$
$$EI_0 = A_{0\min} - A_0 = 1 - 1 = 0$$

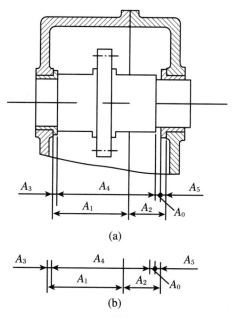

图 8-8 对开齿轮箱尺寸链

(3) 各组成环的公差。

首先计算出各组成环的平均公差,然后再根据各组成环的尺寸大小、结构工艺特点及加工难易程度,对各组成环的公差进行调整。

组成环的平均公差 T_{av}:

$$T_{av} = \frac{T_0}{n} = 0.15 (\text{mm})$$

考虑尺寸大小、加工难易程度,调整公差为 $T_1 = 0.22$ mm、$T_2 = 0.16$ mm、$T_3 = T_5 = 0.075$ mm,将其减少的公差分别加在 A_1 和 A_2 上,即得到 $T_4 = 0.16$ mm。

(4) 各组成环的上、下偏差:

$$A_1 = 101^{+0.22}_{0} (\text{mm}), \quad A_2 = 50^{+0.16}_{0} (\text{mm}),$$
$$A_3 = A_5 = 5^{0}_{-0.075} (\text{mm}), \quad A_4 = 140^{0}_{-0.16} (\text{mm})$$

(5) 验算:

$$\begin{aligned}
ES_0 &= (ES_1 + ES_2) - (EI_3 + EI_4 + EI_5) \\
&= (0.22 + 0.16) - (-0.075 - 0.16 - 0.075) \\
&= 0.69 (\text{mm}) \neq 0.75 (\text{mm}) \\
EI_0 &= (EI_1 + EI_2) - (ES_3 + ES_4 + ES_5) = 0 - 0 = 0
\end{aligned}$$

验算结果符合装配精度要求,即计算正确。如果不符,则需按上述步骤再进行调整直至符合为止。

8.3 解装配尺寸链其他计算方法

在生产过程中,如果按照既定的方法来计算并确定装配尺寸链中每个环节的公差和极限偏差,通常可以实现无需额外的修配或调整即可顺畅完成装配工作,并且达到封闭环的技术规格。然而,在一些特定情况下,为了实现更高的装配精度,当生产条件限制了提升部件制造精度的可能性时,可以采用如下方法:分组互换法、修配法以及调整法,以确保达成所需的装配质量。

8.3.1 分组互换法

分组互换法,也称为分组装配法,是一种通过扩大组成环的平均公差 N 倍来简化和降低成本的加工过程。这种方法基于封闭环技术要求,在零件加工完成后,根据实际偏差将零件分为若干组。在装配过程中,遵循大配大、小配小的原则,从相应的组别中选择零件进行匹配,以确保满足封闭环的技术标准。显然,这种方法的互换性仅限于同一组内的零件。

当应用分组互换法对组成环进行公差分配时,为了确保装配后的配合性质保持一致,增加环的公差值应与减少环的公差值相等。

分组装配法适用于大规模生产环境,特别是在那些需要零件少、装配精度高并且不宜使用调整装置的场合。

8.3.2 修配法

修配法的核心在于为尺寸链的各组成环设定一个基于成本效益的公差值,这通常会导致封闭环的公差值超出原先技术条件的要求。为了确保满足封闭环的技术规范,装配过程中会挑选一个特定的组成环作为补偿环,并通过去除该环的部分材料来精确调整,以确保封闭环达到必要的技术标准。在选取补偿环时,要考虑到便于拆卸和修配,以提升生产效率和经济效益。显然,在尺寸链中共享的环不适合作为补偿环,因为对这些共享环进行修配会影响其他尺寸链。

在修配过程中,可能会出现修配过多导致封闭环尺寸增大,或者修配过多导致封闭环尺寸变小的情况。为了确保配合的质量,应当尽量减少修配量。

8.3.3 调整法

调整法涉及为尺寸链中的组成环设置基于经济加工的公差值,这通常会导致封闭环的公差值超出技术条件的要求。为了确保封闭环满足技术规范,在装配时会挑选一个特定的组成环作为补偿环。与修配法不同,调整法不通过去除材料来达到封闭环的技术要求,而是通过调整补偿环的尺寸或位置来实现这一目标。

在常见的调整方法中,分为固定调整法和可动调整法两种。可动调整法通过改变可动补偿环的位置来满足封闭环的精度要求,这种方法特别适用于小批量生产、组成环数量多且精度要求较高的情况。而固定调整法则是将补偿环按照尺寸大小分成不同的组别,在装配过程中选择合适尺寸组的补偿环以达到装配精度标准,这种方法适合于大批量生产、组成环数量多且对精度要求严格的场合。

习　题

8-1　简述尺寸链和封闭环的定义。

8-2　简述尺寸链的类型。

8-3　简述尺寸链的建立步骤。

第 9 章　螺纹公差与检测

9.1　概　　述

9.1.1　螺纹的种类和使用条件

螺纹是一种具有互换性的典型连接结构,在机械及仪器制造中,螺纹结合是最为广泛的结合形式。螺纹的种类繁多,根据其结构特点、使用条件和功能要求,可以分为多种类型。按照其结合性质和使用要求的不同,主要可以分为普通螺纹和传动螺纹等。

1. 普通螺纹

普通螺纹又名紧固螺纹,适用于紧固和连接零件,分粗牙和细牙两种。这种螺纹结合应用比较广泛,这种方式的主要要求为可旋合性和连接的可靠性,并且要求牙侧间的最小间隙等于或者接近零,相当于圆柱体配合中的几种小间隙配合。

2. 传动螺纹

传动螺纹通常用于传递运动和实现精确位移,这类螺纹的主要要求是需要足够的位移精度,保证传动过程中传动比的准确性、运动的稳定性及灵活性,故这类螺纹在结合时,需要一定的保证间隙,螺距误差小,用于传动和储存润滑油。常见的传动螺纹有梯形螺纹和丝杆等。

9.1.2　螺纹的基本牙型及主要几何参数

1. 螺纹的基本牙型

如图 9-1 所示,普通螺纹的基本牙型为在螺纹轴线剖面内高为 H 的原始三角形(等边三角形)。具体来说,等边三角形的顶角为 $60°$,而螺纹牙型是通过在这个等边三角形中去除顶部的 $H/8$ 和底部的 $H/4$ 形成的,去除这两个部分后,剩余的牙型形状为一个具有平顶和平底的螺纹。这种设计有助于提高螺纹的强度和耐用性,同时也易于制造和测量,是确定螺纹设计牙型的基础。原始三角形的高度 H 由螺距 P 决定。

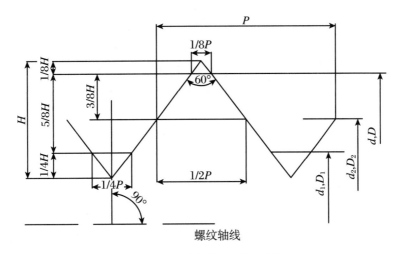

图 9-1　普通螺纹的主要几何参数

2. 普通螺纹的主要几何参数

（1）大径

大径为内螺纹牙底和外螺纹牙顶相切的假想的圆柱直径，用符号"D"和"d"表示。大径是普通螺纹的公称直径。普通螺纹的尺寸系列是大径和不同螺距的组合。

（2）中径

中径为一个假想圆柱的直径，该圆柱的母线通过牙型上沟槽和凸起宽度相等的地方，内、外螺纹的中径分别用符号"D_2"和"d_2"表示。

（3）小径

小径为内螺纹牙顶和外螺纹牙底相切的假想的圆柱直径，用符号"D_1"和"d_1"表示。小径的基本尺寸为螺纹的基本小径，小径也是外螺纹的底径、内螺纹的顶径。

（4）螺距和导程

相邻两牙在中径线上对应两点之间的轴向距离为螺距，用符号"P"表示，导程为同一条螺旋线上的相邻两牙在中径线上对应两点间的轴向距离，用符号"P_h"表示。对于单线螺纹而言，导程和螺距相等，即 $P_h = P$；对于多线螺纹而言，导程等于螺距和螺纹线数 n 的乘积，即 $P_h = nP$。

3. 单一中径

单一中径为一个假想的圆柱的直径或者一个圆锥的直径，该圆柱或者圆锥的母线通过牙型上沟槽和凸起宽度相等的地方，即螺纹上牙槽宽度等于半个基本螺距的地方。单一中径可以用三针法测得，用于表示螺纹中径的实际尺寸。当螺距有误差的时候，单一中径和中径不相等。如图 9-2 所示，内螺纹和外螺纹的单一中径分别可以用符号"D_{2s}"和"d_{2s}"表示，$f_{\alpha/2}$ 为牙侧角误差中径当量，d_2 为中径。

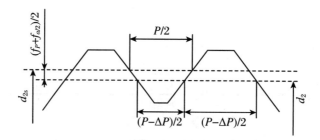

图 9-2 普通螺纹的中径和单一中径

4. 螺纹旋合长度

两个相互配合的内、外螺纹,沿着螺纹轴线方向相互旋合的部分的长度称为螺纹的旋合长度。

5. 牙型角和牙侧角

螺纹牙型上两个相邻牙侧间的夹角为牙型角,一般用符号"α"表示。例如米制普通螺纹的牙型角 $\alpha = 60°$。螺纹牙型上,螺纹轴线的垂线和牙侧之间的夹角为牙侧角,又称牙型半角,一般用"$\alpha/2$"表示。例如米制普通螺纹的牙侧角 $\alpha/2 = 30°$。

9.1.3 牙侧角偏差和螺纹作用中径

1. 牙侧角偏差

牙侧角的实际值和牙侧角的基本值的差值为牙侧角偏差,是螺纹牙侧相对螺纹轴线位置的误差,牙侧角偏差对螺纹的旋合性和连接强度都有影响。

图 9-3 中阴影部分为干涉区(一个仅有牙侧角偏差的外螺纹和一个没有任何偏差的理想内螺纹结合,在小径或者大径处牙侧都会产生干涉,即不能旋合),为了消除这种现象,保证螺纹的可旋合性,需要将外螺纹的牙型向下移动到图中画出的虚线位置,这样外螺纹会下降 $f_{\alpha/2}$;同样内螺纹存在牙侧角偏差的时候,为了保证螺纹的可旋合性,需要将内螺纹的中径增大 $f_{\alpha/2}$,$f_{\alpha/2}$ 值可以称为"牙侧角偏差中径当量"。

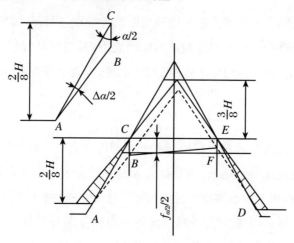

图 9-3 牙侧角偏差的中径当量

根据几何关系可以得出：

$$d_2 - d_{2a} = f_P \tag{9-1}$$

$$f_{\alpha/2} = 0.073\left(K_1\left|\Delta\frac{\alpha_1}{2}\right| + K_2\left|\Delta\frac{\alpha_2}{2}\right|\right) \tag{9-2}$$

式中，$\Delta\frac{\alpha_1}{2}$、$\Delta\frac{\alpha_2}{2}$ 为左、右牙型半角；K_1、K_2 为系数，取决于 $\Delta\frac{\alpha_1}{2}$ 和 $\Delta\frac{\alpha_2}{2}$ 的正、负。

2. 螺纹作用中径和中径公差

在实际工程中，螺纹会同时存在中径偏差、螺距误差和牙侧角偏差，如果分别对三者单独进行检测，测量起来会非常繁琐。当外螺纹存在螺距误差和牙侧角误差的时候，螺纹的作用中径比螺纹的实际中径大 f_P 和 $f_{\alpha/2}$。假想理想螺纹的中径是在规定的旋合长度，没有间隙没有过盈的一个实际螺纹牙侧，理想螺纹的中径具有基本牙型，而且在没有间隙没有过盈的时候与实际螺纹在牙顶和牙底处不发生干涉，一般用"d_{2fe}"表示。如图 9-4 所示，实际内螺纹会存在螺距误差和牙侧角偏差，也就是实际内螺纹的中径减小了 f_P 和 $f_{\alpha/2}$，故"内螺纹的作用中径"为在规定的旋合长度，同时具备基本牙型和没有间隙没有过盈实际内螺纹的假想外螺纹的中径，一般用"D_{2fe}"表示。

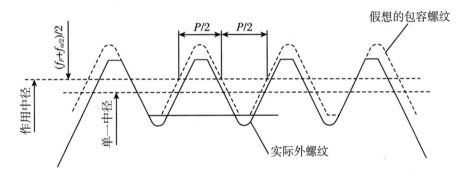

图 9-4 螺纹作用中径

作用中径的计算公式为：

外螺纹：

$$d_{2fe} = d_{2a} + (f_P + f_{\alpha/2}) \tag{9-3}$$

内螺纹：

$$D_{2fe} = D_{2a} - (f_P + f_{\alpha/2}) \tag{9-4}$$

以上两式中，d_{2a} 为外螺纹的单一中径，D_{2a} 为内螺纹的单一中径。

对于普通螺纹零件而言，为了方便进行加工和检测，通常只规定了一个标准中径公差，也可以叫综合公差，利用这个中径公差（综合公差）可以同时控制中径偏差、螺距误差和牙侧角偏差。

外螺纹：

$$T_{d2} \geqslant f_{d2} + (f_P + f_{\alpha/2}) \tag{9-5}$$

内螺纹：

$$T_{D2} \geqslant f_{D2} + (f_P + f_{\alpha/2}) \tag{9-6}$$

以上两式中，T_{d2}、T_{D2} 为外螺纹、内螺纹的中径公差（综合公差），f_{d2}、f_{D2} 为外螺纹、内螺纹中径自身的公差。

3. 中径的合格条件

中经是螺纹的配合直径，类似圆柱体，为了保证螺杆的可旋入性和螺纹件本身的强度和连接强度，实际螺纹的作用中径不应超过最大实体牙型的中径，实际螺纹的单一中径不能超过最小实体牙型的中径，一般用公式表示中径合格的条件为：

外螺纹：
$$d_{2fe} \leqslant d_{2M}, \quad d_{2a} \geqslant d_{2L} \tag{9-7}$$

内螺纹：
$$D_{2fe} \leqslant D_{2M}, \quad D_{2a} \geqslant D_{2L} \tag{9-8}$$

以上两式中，d_{2M}、D_{2M} 为外螺纹、内螺纹的最大实体牙型中径，d_{2L}、D_{2L} 为外螺纹、内螺纹的最小实体牙型中径。

9.2 普通螺纹的公差和基本偏差

普通螺纹的公差带和尺寸公差带一样，其位置是由基本偏差决定的，大小是由公差等级决定的。公差与配合的选择应根据实际应用情况确定。另外，螺纹标记代号与检测应满足一定的规定。

9.2.1 普通螺纹的公差带

普通螺纹公差带的位置由基本偏差决定，公差带的大小由公差等级决定。对于普通的螺纹，国家标准视不同情况规定了螺纹的大径、小径和中径三种公差带。

1. 螺纹的公差等级和公差值

螺纹的公差等级见表 9-1，其中 6 级是基本级；3 级公差值最小，精度最高；9 级精度最低。各级公差值见表 9-2 和表 9-3。由于加工内螺纹的工艺比较复杂，所以同一公差等级中，内螺纹中径公差比外螺纹中径公差大 32% 左右。

表 9-1 螺纹的公差等级

螺纹直径	公差等级	螺纹直径	公差等级
外螺纹中径 d_2	3、4、5、6、7、8、9	内螺纹中径 D_2	4、5、6、7、8
外螺纹大径 d	4、6、8	内螺纹小径 D	4、5、6、7、8

表 9-2 普通螺纹的基本偏差和顶径公差

单位：μm

螺距 P/mm	内螺纹的基本偏差 EI		外螺纹的基本偏差 es				内螺纹小径公差 T_{D_1} 公差等级				外螺纹小径公差 T_{d_1} 公差等级		
	G	H	e	f	g	h	4	5	6	7	8	4	6	8
1	+26	0	-60	-49	-26	0	150	190	236	300	375	112	180	280
1.25	+28		-63	-42	-28		170	212	265	335	425	132	212	335
1.5	+32		-67	-45	-32		190	236	300	375	485	150	236	375
1.75	+34		-71	-48	-34		212	265	335	475	530	170	365	425
2	+38		-71	-52	-38		236	300	375	475	600	180	380	450
2.5	+42		-80	-58	-42		280	355	425	560	710	212	225	530
3	+48		-85	-63	-48		315	400	500	630	800	236	275	600
3.5	+53		-90	-70	-53		355	450	560	710	900	265	425	670
4	+60		-95	-75	-60		375	475	600	750	950	300	475	750

表 9-3 普通螺纹的中径公差

公称直径 D/mm		螺距 P/mm	内螺纹中径公差 T_{D_1} 公差等级					外螺纹中径公差 T_{d_2} 公差等级						
>	<=		4	5	6	7	8	3	4	5	6	7	8	9
5.6	11.2	0.5	71	90	112	140		42	53	67	85	106		
		0.75	85	106	132	170		50	63	80	100	125		
		1	95	118	150	190	236	56	63	80	100	140	180	224
		1.25	100	125	160	200	250	60	75	95	112	150	190	236
		1.5	112	140	180	224	280	67	85	106	132	179	212	295
11.2	22.4	0.5	75	95	118	150		45	56	71	90	112		
		0.75	90	112	140	180		53	67	85	106	132		
		1	100	125	160	200	250	60	75	95	118	150	190	236
		1.25	112	140	180	224	280	67	85	108	132	170	212	265
		1.5	118	150	190	236	300	71	90	112	140	180	224	280
		1.75	125	160	200	250	315	75	95	118	150	190	236	300
		2	132	170	212	265	335	80	100	125	160	200	250	315
		2.5	140	180	224	280	355	85	106	132	170	212	265	335
22.4	45	0.75	95	118	150	190		56	71	90	112	140		
		1	106	132	170	212		63	80	100	125	160	200	250
		1.5	125	160	200	250	315	75	95	118	150	190	236	300
		2	140	180	224	280	355	85	106	132	170	212	265	335
		3	170	212	265	335	425	100	125	160	200	250	315	400
		3.5	180	224	280	355	450	106	132	170	212	265	335	425
		4	190	236	300	375	475	112	140	180	224	280	355	450
		4.5	200	250	315	400	500	118	150	190	236	300	375	475

内螺纹的大径 D 和中径 D_2、外螺纹的小径 d_1 和中径 d_2 是同时根据图样由刀具切出

的,内、外螺纹的尺寸是在加工过程中自然形成的,由刀具保证,所以国标中对外螺纹小径和内螺纹大径都不规定具体的公差值,规定内、外螺纹牙底实际轮廓的所有点都不可以超过基本偏差所确定的最大实体牙型。

9.2.2 螺纹公差带的位置和基本偏差

螺纹公差带是依据基本牙型为零线布置的,位置如图 9-5 所示。计算螺纹偏差的基准为螺纹的基本牙型。

国标中对内螺纹规定了两种基本偏差 G、H,基本偏差为下偏差 EI,如图 9-5(a)所示;对外螺纹规定了四种基本偏差 e、f、g、h,基本偏差为上偏差 es,如图 9-5(b)所示。

H 和 h 的基本偏差值为零,G 的基本偏差值为正,e、f、g 的基本偏差值为负。按照螺纹的公差等级和基本偏差可以组成很多公差带,普通螺纹的公差带代号由表示公差等级的数字和基本偏差字母组成,和一般的尺寸公差带符号不一样,其公差等级符号在前,基本偏差代号在后,如 6h、5c。

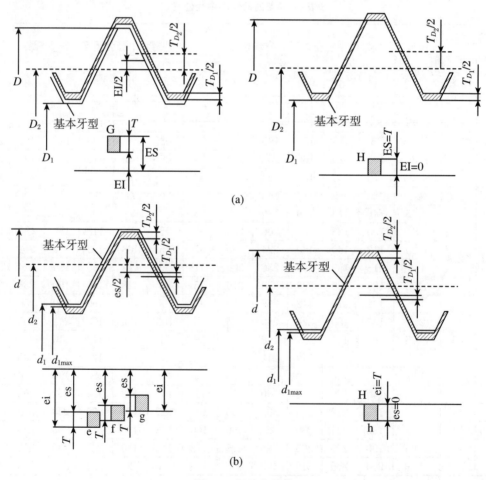

图 9-5 螺纹公差带

9.3 标准推荐的公差带及其选用

在实际的工作生产中，为了减少所使用刀具和量具的规格和种类，国家标准中规定了可以满足当前需要但是数量有限的常用公差带，如表 9-4 所示。表中规定了优先、其次和尽可能不选用的选用顺序。除了特殊的需要之外，一般不选择标准规定以外的公差带。

表 9-4 普通螺纹的选用公差带

旋合长度		内螺纹选用公差带			外螺纹选用公差带		
		S	N	L	S	N	L
配合精度	精密	4H	4H5H	5H6H	(3b4h)	4b*	(5h4h)
	中等	5H*	6H* (6G)	7H* (7G)	(5h6h)	6h* 6g* 6e* 6f*	(7h6h) (7g6g)
	粗糙		7H (7G)			(8h) 8g	

注：带"*"号的公差带优先选用，其次是不带"*"的公差带，()内的公差带尽可能不用。

在国家标准中规定了螺纹的配合精度有精密、中等和粗糙三个等级。精密级主要用于要求配合性能稳定的螺纹；中等等级一般用于普通的螺纹；粗糙等级一般用于不重要或者难以制造的螺纹，例如长盲孔攻螺纹或者热轧棒上的螺纹。通常一般以中等旋合长度下的 6 级公差等级为中等精度的基准。

短的工件容易加工和装配，长的工件则难以加工和装配，所以螺纹旋合长度影响螺纹连接。规定了短(S)、中(N)和长(L)三种旋合长度，从表 9-5 可以看出，在同一精度下，不同旋合长度的中径采用的公差等级不相同，这是考虑了不同旋合长度对螺纹螺距累积误差有不同的影响。

表 9-5　螺纹的旋合长度

单位：mm

公称直径 D、d		螺距 P	旋 合 长 度			
			S	N	L	
>	≤		≤	>	≤	>
5.6	11.2	0.5	1.6	1.6	4.7	4.7
		0.75	2.4	2.4	7.1	7.1
		1	2	2	9	9
		1.25	4	4	12	12
		1.5	5	5	15	15
11.2	22.4	0.5	1.8	1.8	5.4	5.4
		0.75	2.7	2.7	8.1	8.1
		1	3.8	3.8	11	11
		1.25	4.5	4.5	13	13
		1.5	5.6	5.6	16	16
		1.75	6	6	18	18
		2	8	8	24	24
		2.5	10	10	30	30

内、外螺纹配合的公差带可以任意组成多种配合方式，在实际的工程使用中，主要依据使用要求选用螺纹的配合。为了保证螺母、螺栓旋合后具有较好的同轴度和足够的连接强度，可以选用最小间隙为 0 的配合；为了方便工件的拆装，提高螺纹的疲劳强度，可以选用较小的间隙配合；需要涂镀保护层的螺纹，间隙的大小取决于保护层的厚度。

9.4　螺纹标记和梯形螺纹简述

9.4.1　普通螺纹的标记

螺纹的完整标记由螺纹代号、螺纹公差带代号和旋合长度代号组成。螺纹公差带代号中包括公差代号和顶径公差带代号，其中内、外螺纹大径为顶径。公差带代号由表示其大小的公差等级数字和表示其位置的基本偏差代号组成。对于细牙螺纹还需要额外标注出螺距。

外螺纹标记示例：

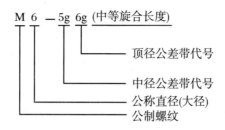

内螺纹标记示例：

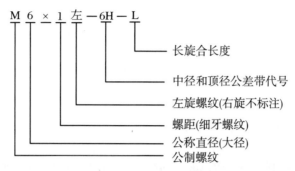

装配图上，内、外螺纹公差带代号可以用斜线分开，左边为内螺纹，右边为外螺纹，例如，M6×2-7H/5g6g。螺纹公差带代号后面还需要附加旋合长度符号 S、L、N(N 表示为中等旋合长度，一般不标注)，例如，M6-5g6g-S。特殊需要的时候，可以附加标注长度的数值，如 M6-5g6g-20 表示螺纹的旋合长度为 20 mm。

9.4.2 梯形螺纹简述

国家标准规定，梯形螺纹是通过截去原始三角形的顶部和底部形成的，原始三角形是顶角为 30°的等腰三角形。为了确保梯形螺纹传动的灵活性，必须在内、外螺纹配合后，在大径和小径之间留出一个保证间隙 a_c。为此，内、外螺纹的牙底应分别在基本牙型上让出一个大小等于 a_c 的间隙。一般关于梯形螺纹的标准中，内螺纹和外螺纹的大径、中径和小径分别对应着相应的公差等级：内螺纹小径 D_1 和外螺纹大径 d 均选用 4 级；内螺纹中径 D_2 采用 7、8、9 级，外螺纹中径 d_2 采用 6、7、8、9 级；外螺纹小径 d_3 采用 7、8、9 级。

标准中，内螺纹的大径 D_4、中径 D_2 和小径 D_1 只规定了一种基本偏差 H(下偏差)，其值为 0；外螺纹的中径 d_2 采用了 h、e 和 c 三种基本偏差，而大径 d 和外螺纹小径 d_3 只规定了一种基本偏差 h，e 和 c 的基本偏差小于 0(上偏差)，h 的基本偏差等于 0(上偏差)。

梯形螺纹的标记示例：

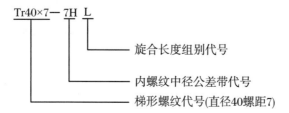

梯形螺纹副的标记示例：

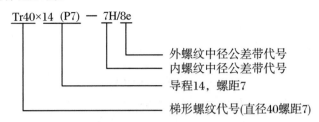

9.5 螺纹检测

9.5.1 综合检验

对于大批量生产并用于紧固连接的普通螺纹，只要求保证可旋合性和一定的连接强度，螺纹的螺距误差和牙型半角误差按照包容要求，根据中径公差综合控制。在对螺纹进行综合检验时，使用螺纹综合极限量规进行检验。用螺纹量规的通规检验内、外螺纹作用中径和底径的合格性，用螺纹量规的止规检验内、外螺纹单一中径的合格性。螺纹量规分为塞规和环规，分别可以用来检验内、外螺纹。

图 9-6 所示为用环规检验外螺纹的图例，第一步用卡规检验外螺纹大径的合格性，第二步用螺纹环规的通规检验，如果和被检测螺纹成功旋合，则表明外螺纹的作用中径合格。

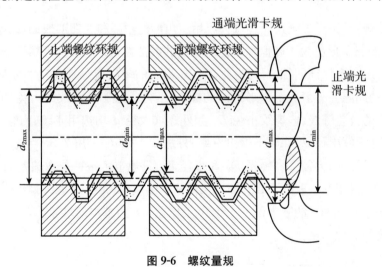

图 9-6 螺纹量规

9.5.2 单项检验

单项检验主要测量螺纹的中径、顶径、螺距和牙型半角。

1. 用螺纹千分尺测量外螺纹中径

螺纹千分尺的结构和外径千分尺基本相似,两者的主要差别在于两种千分尺的测量头不同,外径千分尺的测量头为圆锥形,与螺纹牙型沟槽吻合;而螺纹千分尺的测量头基本和螺纹的牙型吻合,即为一个 V 形测量头,与螺纹牙型凸起部分吻合。

2. 三针法

三针法是一种间接测量方法,一般用于测量精密的螺纹的单一中径,例如螺纹塞规和丝杠等。如图 9-7 所示,测量的时候,先将三根直径基本一样的精密量针置于被测螺纹沟槽中,其次用计量器具测出针距 M。由被测螺纹的已知参数如牙型半角 $\alpha/2$、螺距 p,可以计算得出被测螺纹的中径 d_2:

$$d_2 = M - d_0 \left[1 + \frac{1}{\sin(\alpha/2)} \right] + \frac{p}{2} \cot \frac{\alpha}{2} \tag{9-9}$$

式中,d_0 为三针直径;$\frac{\alpha}{2}$ 为牙型半角,对于普通螺纹,$\alpha = 60°$,故 $d_2 = M - d_0 3 + 0.866p$;p 为螺纹的螺距。

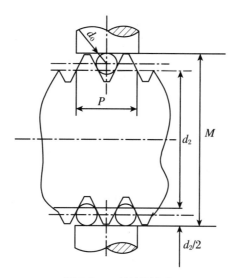

图 9-7 三针法测中径

使量针在中径线上和牙侧接触,选择最佳的量针直径,让量针和被测螺纹沟槽的两个切点间的轴向距离等于螺纹螺距的一半,这样可以消除牙型半角误差对测量结果的影响。

$$d_{0最佳} = \frac{p}{2} \cos \frac{\alpha}{2} \tag{9-10}$$

对于普通螺纹而言,$\alpha = 60°$,故 $d_{0最佳} = 0.577p$。

在实际的测量中,若成套的三针中没有最佳直径的量针,可以选取直径接近的三针来测量。

3. 用螺纹牙规测量螺纹的各个要素

用螺纹牙规测量属于影像法测量,能测量螺纹的各种参数,如螺纹的大径、中径、小径、螺距和牙型半角等。

4. 大型普通螺纹合格性判断

单项检验通常用于大型的普通螺纹,对于螺纹中径的合格判断(螺纹中径合格性判断遵循泰勒原则)为:实际螺纹的作用中径不可以超过最大实体牙型的中径,但是实际螺纹上一个任意部位的单一中径可以不超过最小实体牙型的中径。

外螺纹:

$$d_{2m} \leqslant d_{2max} \qquad (9\text{-}11)$$

$$d_{2s} \geqslant d_{2min} \qquad (9\text{-}12)$$

内螺纹:

$$D_{2m} \geqslant D_{2max} \qquad (9\text{-}13)$$

$$D_{2s} \leqslant D_{2min} \qquad (9\text{-}14)$$

作用中径的计算方式如下(正号用于外螺纹,负号用于内螺纹):

$$d_{2m}(D_{2m})_{作用} = d_{2s}(D_{2s}) \pm (f_\alpha + f_{P_\Sigma} + f_{\Delta P}) \qquad (9\text{-}15)$$

$$d_{2m}(D_{2m})_{作用} = d_2(D_2)_{实际} \pm (f_\alpha + f_{P_\Sigma}) \qquad (9\text{-}16)$$

$$d_{2实际} - d_{2s} = f_{\Delta P} \qquad (9\text{-}17)$$

式中,d_{2m} 为外螺纹的作用中径,单位为 mm;D_{2m} 为内螺纹的作用中径,单位为 mm;d_{2s} 为外螺纹的单一中径(当中径处螺距偏差的中径当量很小时可以用实测中径代替),单位为 μm;D_{2s} 为内螺纹的单一中径(当中径处螺距偏差的中径当量很小时可以用实测中径代替),单位为 μm;f_α 为牙侧角误差中径当量,单位为 μm;f_{P_Σ} 为螺距累积误差中径当量,单位为 μm;$f_{\Delta P}$ 为测量中径处螺距偏差的中径当量,单位为 μm。

由于螺纹加工时,牙侧角均可能存在误差,且误差大小也不相等,因此其左、右牙侧角误差的中径当量可能不相同。根据分析,这时应采用两者的平均值。当外螺纹左、右牙侧角均小于30°,即牙侧角误差 Δ_α 小于0时,可以按照如下公式计算:

$$f_\alpha = 0.44P(\Delta_{\alpha 1} + \Delta_{\alpha 2})/2 = 0.073 \times 3P(\Delta_{\alpha 1} + \Delta_{\alpha 2}) \qquad (9\text{-}18)$$

当外螺纹左、右牙侧角均大于30°,即牙侧角误差 Δ_α 大于0时,可以按照如下公式计算:

$$f_\alpha = 0.291P(\Delta_{\alpha 1} + \Delta_{\alpha 2})/2 = 0.073 \times 2P(\Delta_{\alpha 1} + \Delta_{\alpha 2}) \qquad (9\text{-}19)$$

将以上两式合并,得

$$f_\alpha = 0.073P(K_1|\Delta_{\alpha 1}| + K_2|\Delta_{\alpha 2}|) \qquad (9\text{-}20)$$

再考虑到内螺纹,合并公式为

$$f_\alpha(F_\alpha) = 0.073P(K_1|\Delta_{\alpha 1}| + K_2|\Delta_{\alpha 2}|) \qquad (9\text{-}21)$$

式中,系数 K_1、K_2 的数值分别取决于 $\Delta_{\alpha 1}$、$\Delta_{\alpha 2}$ 的正、负。

对于外螺纹,当 $\Delta_{\alpha 1}$(或 $\Delta_{\alpha 2}$)为正值时,在中径与小径之间的牙侧产生干涉,相应的系数 K_1(或 K_2)取2;当 $\Delta_{\alpha 1}$(或 $\Delta_{\alpha 2}$)为负值时,在中径与大径之间的牙侧产生干涉,相应的系数

K_1(或 K_2)取3。

对于内螺纹,当 Δ_{a1}(或 Δ_{a2})为正值时,在中径与大径之间的牙侧产生干涉,相应的系数 K_1(或 K_2)取3;当 Δ_{a1}(或 Δ_{a2})为负值时,在中径与小径之间的牙侧产生干涉,相应的系数 K_1(或 K_2)取2。

螺距累积误差中径当量 f_{P_Σ} 和测量中径螺距偏差的中径当量 $f_{\Delta P}$ 可以分别计算得到:

$$f_{P_\Sigma} = 1.732|\Delta P_\Sigma| \tag{9-22}$$

$$f_{\Delta P} = \frac{\Delta P}{2}\cos\frac{\alpha}{2} \tag{9-23}$$

式中,ΔP 为三针法测量中径处的螺距偏差。

习 题

9-1 试述普通螺纹中径、单一中径、作用中径的异同点。

9-2 简述螺纹的种类及其使用要求。

9-3 普通螺纹的主要几何参数有哪些?

9-4 影响螺纹互换性的主要因素是什么?

第 10 章　键与花键的公差与配合

在机械传动系统中,键与花键是一种用于连接轴与零件以传递转矩和运动的机械连接元件。键通常用于固定轴与齿轮、轮毂等零件的相对位置,以确保它们能够共同旋转而不发生相对滑动。

10.1　键连接的种类

10.1.1　单键连接

常用的键连接的种类有很多,按照结构形状可分为平键、半圆键、楔键等,如图 10-1 所示。具体适用场合如下:

(1) 平键:平键包括普通平键和导向平键,适合高速、承受变载和冲击的场合。普通平键按结构可分为圆头、方头以及一头方一头圆的,适用于静连接;导向平键按结构可分为圆头、方头,适用于动连接。

(2) 半圆键:半圆键适用于静连接,用作锥形轴连接的辅助装置,且连接工作载荷不大的场合。

(3) 楔键:楔键只用于静连接,适用于低速、重载,对运转平稳性没有较高要求的场合。

其中平键由于结构简单、拆装方便等特点,应用最为广泛。

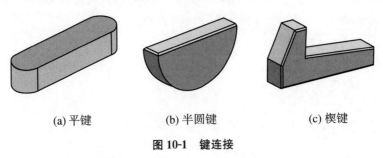

(a) 平键　　　(b) 半圆键　　　(c) 楔键

图 10-1　键连接

10.1.2 花键连接

当需要较大的传递扭矩时,单键连接已经不能够满足需求,这时候就需要用到花键连接。花键连接由内花键和外花键组成,内、外花键均为多齿零件,在内圆柱表面上的花键为内花键,在外圆柱表面上的花键为外花键。花键连接具有如下优点:

(1) 可靠性高。花键连接通过啮合的形式实现连接,不存在松动或故障的问题,具有较高的可靠性。

(2) 定位精度好。花键连接通过花键轴与花键孔的配合,可以实现较高的定位精度,确保轴与零件的相对位置关系。

(3) 易于安装和拆卸。花键连接通过轴向推入即可完成安装,拆卸也相对容易,便于维修和更换。

(4) 承载能力强。花键连接由于啮合接触面积较大,可以承受较大的扭矩和轴向载荷。

因此,花键连接被广泛应用于各种传动机构中,如齿轮箱、离合器、轴承等。但花键制造成本较高,需用专用刀具加工。

10.1.3 平键连接的公差和配合

平键连接的配合制:国家标准规定,平键为标准件,键与轴槽、键与轮毂槽的配合均采用基轴制。国家标准对键宽只规定了一种公差带 h8。

平键连接的基本构成:平键连接由键、轴键槽、轮毂键槽构成。在工作时,通过键的侧面与轴槽和轮毂槽的侧面相互接触来传递转矩。

平键连接的配合尺寸:键和轴槽、轮毂槽的宽度尺寸是配合尺寸。其余尺寸,如键高、键长、轴槽深、轮毂槽深等都属于非配合尺寸。

图 10-2 所示为平键连接的主要结构和尺寸。

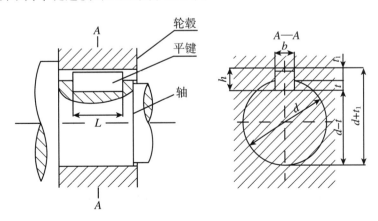

图 10-2 平键连接的主要结构和尺寸

为保证键在轴槽上紧固,同时又便于拆装,轴槽和轮毂槽可以采用不同的公差带,导致其配合的松紧不同。国家标准对平键与键槽和轮毂槽的宽度进行了规定,键宽公差带为h9,对轴槽宽和轮毂宽分别规定了三种公差带:H9、N9、P9 和 D10、JS9、P9,键和键槽宽度公差带形成了三种连接类型:较松连接、正常连接和较紧连接,其连接配合的公差带如图10-3所示。各种连接的配合应用如表10-1所示。

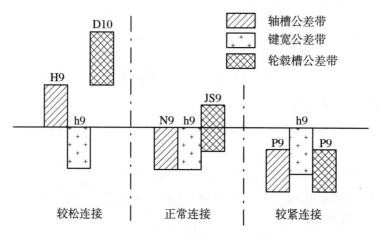

图 10-3　平键连接配合公差带

表 10-1　普通平键连接的配合种类及应用

配合种类	宽度 B 的公差带			应　　用
	键	轴槽	轮毂槽	
较松连接	h8	H9	D10	用于导向平键
正常连接	h8	N9	JS9	用于载荷不大的场合
较紧连接	h8	P9	P6	用于载荷较大、有冲击的场合

普通平键的公差如表10-2所示。

表 10-2　普通平键的公差

单位:mm

宽度 b	公称尺寸	5	6	8	10	12	14	16	18	20	22	25	28	32	36
	极限偏差 (h8)	0 −0.018		0 −0.022		0 −0.027				0 −0.033			0 −0.039		
高度 h	公称尺寸	3	4	5	6	7	8	9	10	11	12	14	16		
	极限偏差 (h11)	0 −0.060		0 −0.075		0 −0.090				0 −0.110					

普通平键连接的键槽尺寸和公差如表 10-3 所示。

表 10-3 普通平键连接的键槽尺寸和公差

单位:mm

轴	键	键槽									
公称直径 d	公称尺寸 $b \times h$	宽度 b					深度				半径 r
		公称尺寸 b	极限偏差				轴 t_1		毂 t_2		
			较松连接		正常连接		较紧连接	公称尺寸	极限偏差	公称尺寸	极限偏差	
			轴 H9	毂 D10	轴 N9	毂 Js9	轴和毂 P9					min	max
≤6~8	2×2	2	+0.025 0	+0.060 +0.020	−0.004 −0.029	±0.0125	−0.006 −0.031	1.2	+0.10 0	1.0	+0.10 0	0.08	0.16
>8~10	3×3	3						1.8		1.4			
>10~12	4×4	4	+0.030 0	+0.078 +0.030	0 −0.030	±0.015	−0.012 −0.042	2.5		1.8		0.16	0.25
>12~17	5×5	5						3.0		2.3			
>17~22	6×6	6						4.0		2.8			
>22~30	8×7	8	−0.036 0	+0.098 +0.040	0 −0.036	±0.018	−0.015 −0.051	4.0		3.3			
>30~38	10×8	10						5.0		3.3			
>38~44	12×8	12	+0.043 0	+0.120 +0.050	0 −0.043	±0.0215	−0.018 −0.061	5.0	+0.20 0	3.3	+0.20 0	0.25	0.40
>44~50	14×9	14						5.5		3.8			
>50~58	16×10	16						6.0		4.3			
>58~65	18×11	18						7.0		4.4			
>65~75	20×12	20	+0.052 0	+0.149 +0.065	0 −0.052	±0.026	−0.022 −0.074	7.5		4.9		0.40	0.60
>75~85	22×14	22						9.0		5.4			
>85~95	25×14	25						9.0		5.4			

10.2　矩 形 花 键

10.2.1　矩形花键的定心方式

花键连接的主要要求是保证内、外花键连接后具有较高的同轴度,并能够传递转矩。矩形花键的主要几何参数有三个,即大径 D、小径 d 和键宽(键槽宽)B,主要尺寸如图 10-4 所示。

根据规定,矩形花键的键数为偶数,有 6、8、10 三种。按传递扭矩的大小,矩形花键分轻、中两个系列,中系列的键高尺寸比轻系列的键高尺寸大,故承载能力较强。对于同一小径尺寸,两个系列矩形花键的键数相同,键宽(键槽宽)也相同,仅大径尺寸不同。

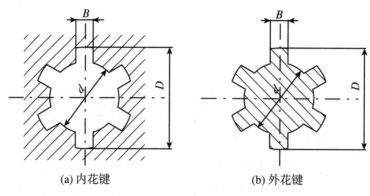

(a) 内花键　　　　　　(b) 外花键

图 10-4　矩形花键的主要尺寸

根据定心要求不同,花键有 3 种定心方式,分别为大径定心、小径定心和键宽定心,如图 10-5 所示。国家标准规定矩形花键采用小径定心,即把小径的结合面作为定心表面,规定较高的精度,其余两个尺寸规定较低的精度。这种方式能使花键连接获得更高的定心精度,使定心的稳定性更好,使用寿命更长。

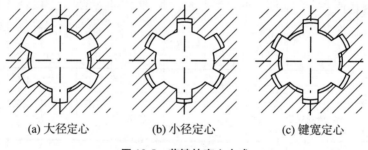

(a) 大径定心　　　　(b) 小径定心　　　　(c) 键宽定心

图 10-5　花键的定心方式

10.2.2　矩形花键连接的公差与配合

为了减少花键拉刀以及花键塞规的规格数目,花键连接一般采用基孔制进行配合。

矩形花键配合的精度,按其使用要求可分为一般级和精密级两种。一般级适用于传动扭矩较大的汽车、拖拉机的变速箱中,精密级适用于机床变速箱中。一般级的内花键槽的公差又可分成拉削后热处理和拉削后不热处理两种。精密级的内花键当需要控制键侧配合间隙时,键槽宽的公差带可选用 h7(一般情况下选用 h9)。当内花键小径 d 的公差选用 H6 和 H7 时,允许与公差等级高一级的外花键小径相配合。按装配的要求不同可分成滑动、紧滑动和固定三种形式。前两种配合既可传递扭矩,还可以让花键套在轴上移动,后一种配合只能用来传递扭矩,花键套在轴上无轴向移动。尺寸 d、D 和 B 的精度等级选定后具体公差数值可根据尺寸大小及精度等级查阅圆锥体的标准公差数值表及轴和孔的基本偏差数值表获得。

矩形花键的尺寸公差如表 10-4 所示。

表 10-4 矩形花键的尺寸公差

单位：mm

内 花 键				外 花 键			装配形式
小径 d	大径 D	键宽 B		小径 d	大径 D	键宽 B	
		拉削后不热处理	拉削后热处理				
一般级							
H7	H10	H9	H11	f7	a11	d10	滑动
				g7		f9	紧滑动
				h7		h10	固定
精密级							
H6	H10	H7、H9		f6	a11	d8	滑动
				g6		f7	紧滑动
				h6		h8	固定
H5				f5		d8	滑动
				g5		f7	紧滑动
				h5		h8	固定

10.2.3 矩形花键的几何公差

由于矩形花键连接表面复杂，在加工过程中难免会产生几何误差，为保证花键在圆周上分布的均匀性，应规定位置度公差以及对称度公差，并对矩形花键的几何公差做如下规定：

(1) 由于小径是花键连接的定心尺寸，必须保证其配合性质，因此内、外花键小径 d 表面的形状公差应遵守包容要求，即花键孔和轴的小径表面实际轮廓不能超出最大实体边界。

(2) 为保证可装配性和键侧受力均匀，规定花键的位置度公差应遵守最大实体原则，即键、键槽实际轮廓不允许超出最大实体实效边界。国家标准对键以及键槽规定的位置度公差值如表 10-5 所示，矩形花键位置度公差的图样标注如图 10-6 所示。

表 10-5 矩形花键的位置度公差

单位：mm

键槽宽或键宽 B		3	3.5~6	7~10	12~18
		t_2			
键槽宽		0.010	0.015	0.020	0.025
键宽	滑动、固定	0.010	0.015	0.020	0.025
	紧滑动	0.006	0.010	0.013	0.016

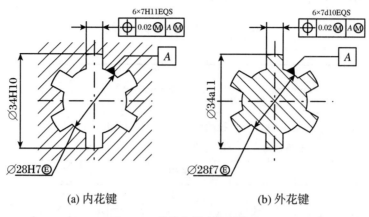

(a) 内花键　　　　　　(b) 外花键

图 10-6　花键位置度公差标注

(3) 在单件、小批量生产时，没有综合量规，为控制花键的几何误差，应规定键（键槽）的中心平面对定位轴线的对称度和等分度公差。对称度公差值如表 10-6 所示，此外还要注意对称度公差与小径定心表面的尺寸公差之间应遵循独立原则。对称度公差图样上的标注如图 10-7 所示。

表 10-6　矩形花键的对称度公差

单位：mm

键槽宽或键宽 B	3	3.5～6	7～10	12～18
	t_2			
一般级	0.010	0.012	0.015	0.018
精密级	0.006	0.008	0.009	0.011

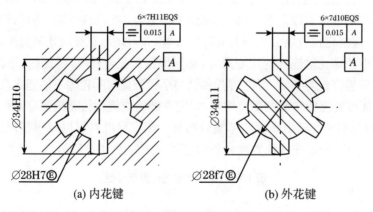

(a) 内花键　　　　　　(b) 外花键

图 10-7　花键对称度公差标注

10.2.4 矩形花键的表面粗糙度要求

矩形花键一般需要标注表面粗糙度 R_a 值,矩形花键各结合面的表面粗糙度值如表 10-7 所示。

表 10-7 矩形花键表面粗糙度值

单位:μm

加工表面	内花键	外花键
	R_a	
小径	≤1.6	≤0.8
大径	≤6.3	≤3.2
键侧	≤6.3	≤1.6

10.2.5 矩形花键的标注

根据国家标准,矩形花键的图样标注按顺序包括键数 N、小径 d、大径 D、键宽 B、公差代号和标准代号。

例如,矩形花键键数 N 为 6,小径 d 的配合为 23H7/f6,大径 D 的配合为 28H10/a11,键宽的配合为 6H11/d10,标记如下:

花键规格:$6 \times 23 \times 28 \times 6$

花键副:$6 \times 23 \dfrac{H7}{f6} \times 28 \dfrac{H7}{a11} \times 6 \dfrac{H11}{d10}$

内花键:$6 \times 23H7 \times 28H10 \times 6H11$

外花键:$6 \times 23f7 \times 28a11 \times 6d10$

习 题

10-1 矩形花键连接的定心方式有哪几种?国家标准规定使用哪一种?

10-2 矩形花键采用小径定心有何优点?

10-3 矩形花键连接采用何种基准制?其目的是什么?

第 11 章 "精度、误差与公差"的课程思政

在全国思政工作会上,习近平总书记指出:"做好高校思想政治工作,要因事而化、因时而进、因势而新。要遵循思想政治工作规律,遵循教书育人规律,遵循学生成长规律,不断提高工作能力和水平。要用好课堂教学这个主渠道,思想政治理论课要坚持在改进中加强,提升思想政治教育亲和力和针对性,满足学生成长发展需求和期待,其他各门课都要守好一段渠、种好责任田,使各类课程与思想政治理论课同向同行,形成协同效应。"

课程思政育人理念与概念形成以来,全国各高校以及广大教师对课程思政都经历了从认知到行为的思考与实践的过程,从总体的状况来讲,高校课程思政建设中,我们的育人理念有了非常明显的变化,相关的教育教学改革逐步深入。特别是 2020 年 5 月教育部出台的《高等学校课程思政建设指导纲要》,对高校推进课程思政建设的重要性、如何推进高校课程思政等问题做出了明确的阐释和具体的要求,成为高校做好课程思政教育教学改革的指导方针。《高等学校课程思政建设指导纲要》的下发,已经成为各个高校贯彻立德树人根本任务的督促令而不是动员令。课程思政的要求,不仅体现在各种有关教育的红头文件中,而且越来越"实"地体现在教育教学的各个方面。凡是和人才培养相关的各类事项,都已经和课程思政联系在一起了。

11.1 课程思政教学目标

对于工科类专业课程的思政内容建设,教育部在《高等学校课程思政建设指导纲要》中提出:"对工学类专业课程,要注重强化学生工程伦理教育,培养学生精益求精的大国工匠精神,激发学生科技报国的家国情怀和使命担当。"结合"互换性与技术测量"课程的特点及工科类专业课程思政建设要求,本课程思政教学目标为培养学生精益求精的大国工匠精神,激发学生科技报国的家国情怀和使命担当。同时达成如下课程思政教学目标:

(1) 增强学生纪律意识、规矩意识和大局意识。

在教授"互换性与技术测量"课程中的标准和标准化内容时,为了让学生理解掌握概念,将学习和教学管理相结合,把学生守则和国家、学校教育规章制度的落实结合起来,用现实的教学管理规定的实施作为标准化的实例。

(2) 将唯物辩证观融入专业课堂。

以马克思主义唯物辩证观分析讲解专业技术问题,使学生在理解原理的同时形成正确的认识观。在"互换性与技术测量"课程中探讨实现互换性的途径时,也即回答"怎样实现几何参数的互换性"问题时,从马克思主义唯物辩证观的高度进行讲解:在客观世界误差无处不在,只是大小和种类不同,实现互换性只能通过合理控制误差的手段,要建立机械加工误差无处不在的意识;对技术问题的认知也是一定有误差的,是在一定条件下对客观事物及其规律的正确认识,是有限的,是需要不断进步的。

(3) 培养学生的工匠精神和爱国情怀。

在"互换性与技术测量"的课程教学中融入工匠精神案例,让学生深刻理解工匠精神的实质:严谨认真、精益求精、追求完美、勇于创新,以培养学生严谨认真的工匠精神和以爱国主义为核心的民族精神。

11.2　教学方法与手段

坚持以学生为中心,采用启发式教学方法,由浅入深、由易到难教学方法,充分调动学生的积极性和主动性,培养学生的思维能力和创造能力;采用线上线下结合的方法,对学生进行线上和线下辅导和答疑,同时鼓励学生充分利用网络教学资源,培养学生自主学习的能力,激发学生的学习兴趣。

以知识点"精度、误差与公差"的教学为例说明课程思政教学设计:将思政元素融入教学内容中,在讲授重要知识点"精度、误差与公差的区别与联系"时,指出"精度"是本课程的重要概念,引出方文墨案例"文墨精度"。

11.3　课程思政教学示例——"文墨精度"

在课堂讲授知识点"精度、误差与公差"时,先阐明精度、误差与公差的意义,解释三者之间的联系,培养学生选择合理的公差与配合的能力;之后,选取纪录片《大国工匠——方文墨》的一部分内容,结合视频内容引出"文墨精度",将思政教学元素融入教学内容,让学生深刻理解工匠精神的实质。

11.3.1　零件的加工误差、加工精度与公差

1. 零件的加工误差

加工误差是指零件加工后的实际几何参数(尺寸、几何形状和相互位置)与理想几何参

数之间的偏差,零件实际几何参数与理想几何参数的偏离数值称为加工误差。加工误差的大小反映了加工精度的高低,生产中加工精度的高低,是用加工误差的大小来表示的。任何加工和测量都不可避免有误差存在,所谓精度较高,只是误差较小而已。零件的机械加工是在由机床、刀具、夹具和工件组成的工艺系统内完成的,工艺系统中的各种误差会以不同的程度和方式反映为零件的加工误差。如图 11-1 所示,阶梯轴中基本尺寸为 $\varnothing 30$ 的轴颈,由于存在加工误差,加工出来轴颈的实际尺寸一般不是 30 mm,并且根据设计尺寸公差的要求,其加工误差的最大值不允许超过 0.013 mm。

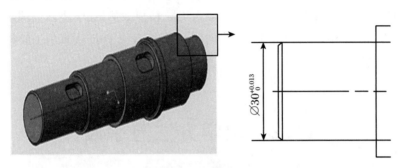

图 11-1 阶梯轴

按照误差的表现形式,加工误差可分为系统误差、随机误差两大类。

(1) 系统误差

系统误差可分为常值性系统误差和变值性系统误差两种。在顺序加工一批工件时,大小和方向都不变的加工误差,称为常值性系统误差;在顺序加工一批工件时,按一定规律变化的加工误差,称为变值性系统误差。常值性系统误差与加工顺序无关,变值性系统误差与加工顺序有关。

加工原理误差,机床、夹具、刀具的制造误差,工艺系统在均值切削力下的受力变形等引起的加工误差等均与加工时间无关,其大小和方向在一次调整中也基本不变,因此都属于常值性系统误差。机床、夹具、量具等磨损引起的加工误差,在一次调整的加工中无明显的差异,故也属于常值性系统误差。机床、刀具和夹具等在热平衡前的热变形误差以及刀具的磨损等,随加工时间而有规律地变化,由此而产生的加工误差属于变值性系统误差。

对于常值性系统误差,若能掌握其大小和方向,就可以通过调整消除;对于变值性系统误差,若能掌握其大小和方向随时间的变化规律,也可通过采取自动补偿措施加以消除。

(2) 随机误差

在顺序加工一批工件时,大小和方向都随机变化的加工误差,称为随机误差。随机误差是工艺系统中随机因素所引起的加工误差,是由许多相互独立的工艺因素微量的随机变化和综合作用的结果。如毛坯的余量大小不一致或硬度不均匀,将引起切削力的变化,在变化切削力作用下由于工艺系统的受力变形而导致的加工误差就带有随机性,属于随机误差。此外,定位误差、夹紧误差、多次调整的误差、残余应力引起的工件变形误差等都属于随机误差,生产中可以通过分析随机误差的统计规律,对工艺过程进行有效的控制。

2. 加工精度

加工精度是加工后零件表面的实际尺寸、形状、位置三种几何参数与图纸要求的理想几何参数的符合程度。它们之间的差异称为加工误差。加工误差的大小反映了加工精度的高低。误差越大加工精度越低,误差越小加工精度越高。理想的几何参数,对尺寸而言,就是平均尺寸;对表面几何形状而言,就是绝对的圆、圆柱、平面、锥面和直线等;对表面之间的相互位置而言,就是绝对的平行、垂直、同轴、对称等。如图11-2阶梯轴零件图所示,$\emptyset 100^{+0.02}_{-0.01}$轴的实际加工尺寸在$\emptyset 99.99$ mm~$\emptyset 100.02$ mm之间,实际尺寸越接近$\emptyset 100$mm,说明加工的精度越高;圆柱度为几何形状精度;圆跳动为相互位置精度;表面粗糙度表示零件表面加工的精确程度。

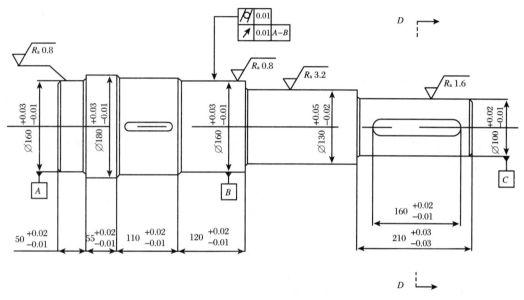

图 11-2　阶梯轴零件图

加工精度与加工误差都是评价加工表面几何参数的术语。加工精度用公差等级衡量,等级值越小,其精度越高;加工误差用数值表示,数值越大,其误差越大。加工精度高,就是加工误差小,反之亦然。任何加工方法所得到的实际参数都不会绝对准确,从零件的功能看,只要加工误差在零件图要求的公差范围内,就认为保证了加工精度。机器的质量取决于零件的加工质量和机器的装配质量,零件加工质量包含零件加工精度和表面质量两大部分。

在实际的加工过程中,加工误差越小,加工精度越高,同时对加工设备以及加工人员的技术水平要求也越高。引导学生在零件的加工过程中要秉承大国工匠精神,执着专注,作风严谨,精益求精,从而推陈出新。

3. 公差及其与精度和误差的关系

机器设计和制造中,机械或机器零件实际参数值的允许变动量,称为公差。如某种产品规格上、下限分别为100、60,那么它的公差就是40;若上、下限分别为+100、-100,那么它的公差就是200。

对于机械制造来说,制定公差的目的是为了确定产品的几何参数,使其变动量在一定的范围之内,以便达到互换或配合的要求。几何参数的公差有尺寸公差、形状公差、位置公差等。

(1) 尺寸公差:指允许尺寸的变动量,等于最大极限尺寸与最小极限尺寸代数差的绝对值。

(2) 形状公差:指单一实际要素的形状所允许的变动全量,包括直线度、平面度、圆度、圆柱度、线轮廓度和面轮廓度 6 个项目。

(3) 位置公差:指关联实际要素的位置对基准所允许的变动全量,它限制零件的两个或两个以上的点、线、面之间的相互位置关系,包括平行度、垂直度、倾斜度、同轴度、对称度、位置度、圆跳动和全跳动 8 个项目。

公差表示了零件的制造精度要求,反映了其加工难易程度。公差从 IT01、IT0、IT1、IT2、IT3 至 IT18 一共有 20 个等级,其中 IT01 表示的零件加工精度是最高的,IT18 表示的零件加工精度是最低的。公差值越小,尺寸、形状、位置误差的允许变动量越小,要求加工误差越小,加工精度越高,也就是越不好加工,因此在满足使用要求的前提下,应尽可能选用大的公差。

误差是加工过程产生的,公差是由设计者确定的。同时,公差是误差的最大允许值。所选择的公差值越小,允许加工误差越小,要求零件的加工精度越高。公差与精度和误差的关系如图 11-3 所示。

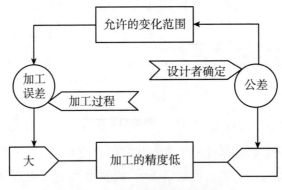

图 11-3 公差与精度和误差的关系

11.3.2 "文墨精度"与工匠精神

方文墨,中航工业首席技能专家。他主要为歼 15 舰载机加工高精度零件,加工精度之高,令人叹服。在许多零件都能实现自动化生产的今天,仍有一些战机零件因为数量少、加工精度高、难度大,还是需要手工打磨。标准中,手工锉削精度最高为 0.010 mm,而方文墨的加工精度可达 0.003 mm,中航工业将这一精度命名为"文墨精度"。2018 年,他又把文墨精度提高到 0.00068 mm。

方文墨在参加工作不到 10 年的时间里,自制刀、量、夹具 100 余把(件),改进各种刀、量、夹具 200 余把(件),改进工艺方法 60 余项,改进设备 2 项,研究生产窍门 24 项,经他改进的一种铁合金专用丝锥,提高工效4倍。方文墨还撰写技术论文12篇,申报技术革新项目20项,并取得了"定扭矩螺纹旋合器"等3项国家发明专利和实用新型专利。方文墨设计制造的"定扭矩螺纹旋合器"可以提高生产效率8倍,仅人工成本每年就为企业节约100多万元;他改进的铁合金专用丝锥,能提高工效4倍,每年节约人工成本和材料费46万余元。

舰载机是航空母舰的关键装备之一,对其零件的加工质量有严苛的要求。一些高精度的细小零件加工尤为繁琐,比如看起来并不起眼的电缆铜接头,需要打出一个1.4 mm的小孔,但加工时产生的铜屑总有飞溅残留的概率,这就可能引发电路短路,甚至导致机毁人亡。如何消除铜屑残留,成了关系工作成败的大事。方文墨反复研究后发现,之所以出现铜屑残留是因为模具的设计和工艺存在问题。他一遍遍琢磨,对铜接头的工艺流程和生产模具进行深度改进,不仅解决了铜屑残留的问题,工作效率也提高了4倍,文墨班组按时按量交出了百分之百的合格铜接头零件,这是方文墨自身技术进步的最佳实证,也是人生境界的扎实跨进。今天,歼15舰载机上,有近70%的标准件是方文墨所在的工厂生产的,那些担当大任的小零件,是方文墨和工友们的智慧与汗水的结晶。他们助力中国战机一飞冲天,惊艳世界。当前,在全球军机发展背景下看中国歼15舰载战机,都堪称奇迹。

当代大学生应从"大国工匠"方文墨和他创造的"文墨精度",理解工匠精神的实质——严谨认真、精益求精、追求完美、勇于创新;学习工匠们追求完美和极致,对精品的执着坚持和追求,把品质从0提高到1的开拓精神;认识到工匠精神是社会文明进步的重要尺度,是中国制造前行的精神源泉,是企业竞争发展的品牌资本,是员工个人成长的道德指引;认识到工匠精神也是追求卓越的创造精神、精益求精的品质精神、用户至上的服务精神。

参 考 文 献

[1] 产品几何技术规范(GPS) 线性尺寸公差 ISO 代号体系 第1部分:公差、偏差和配合的基础:GB/T 1800.1—2020[S].2020.

[2] 产品几何技术规范(GPS) 线性尺寸公差 ISO 代号体系 第2部分:标准公差带代号和孔、轴的极限偏差表:GB/T 1800.2—2020[S].2020.

[3] 产品几何技术规范(GPS) 通用概念 第1部分:几何规范和检验的模型:GB/T 24637.1—2020[S].2020.

[4] 产品几何技术规范(GPS) 尺寸公差 第1部分:线性尺寸:GB/T 38762.1—2020[S].2020.

[5] 廖念钊,古莹菶.互换性与技术测量[M].北京:中国质检出版社,2012.

[6] 赵京鹤,常化申.互换性与技术测量[M].武汉:华中科技大学出版社,2020.

[7] 张晓红.互换性与技术测量[M].北京:北京理工大学出版社,2016.

[8] 朱文峰,李宴,马淑梅.互换性与技术测量[M].上海:上海科学技术出版社,2018.

[9] 杨化书.互换性与技术测量[M].北京:北京理工大学出版社,2016.

[10] 管建峰,钟相强.互换性与技术测量[M].北京:北京理工大学出版社,2017.

[11] 产品几何技术规范(GPS) 技术产品文件中表面结构的表示法:GB/T 131—2006[S].北京:中国标准出版社,2006.

[12] 产品几何技术规范(GPS) 表面结构轮廓法表面粗糙度参数及其数值:GB/T 1031—2009[S].北京:中国标准出版社,2009.

[13] 产品几何技术规范(GPS) 表面结构轮廓法术语、定义及表面结构参数:GB/T3505—2009[S].北京:中国标准出版社,2009.

[14] 光滑极限量规 技术条件:GB/T 1957—2006[S].北京:中国标准出版社,2006.

[15] 螺纹量规和光滑极限量规 型式与尺寸:GB/T 10920—2008[S].北京:中国标准出版社,2008.

[16] 胡福年.传感器与测量技术[M].南京:东南大学出版社,2015.

[17] 叶丽娜.现代测量技术[M].合肥:安徽人民出版社,2008.

[18] 何卫东.互换性与测量技术基础[M].北京:北京理工大学出版社,2014.

[19] 彭全.互换性与测量技术基础[M].成都:西南交通大学出版社,2019.

[20] 高丽.互换性与测量技术基础[M].北京:北京理工大学出版社,2018.

[21] 张兆隆.机械制造技术[M].北京:北京理工大学出版社,2019.